1

내가 뽑은 원픽!   최신 출제경향에 맞춘 최고의 수험서

3D프린터
운용기능사
실기

인벤터(Inventor)편

이빛샘 편저

예문에듀
EDU

머리말

산업사회가 빠르게 변화한다는 것을 새삼 느낍니다. 만능제도판 위에 온갖 제도용구를 올려놓고 일일이 수작업으로 도면을 그리던 80년대를 지나 90년대가 되니 CAD라는 프로그램이 그 많던 제도용구를 대체하여 모니터 앞에 앉아 도면을 그리는 시대가 되어 있었습니다. 그리고 2000년대에 접어들면서 3D 모델링 프로그램이 퍼스널 컴퓨터에서도 구동되고, 모델링을 통한 도면 작업 및 데이터 가공까지 가능할 정도로 기술력은 끊임없이 발전하였습니다.

오늘날 제조 산업의 혁신은 단연코 3D 모델링 기술의 발전이 있었기에 가능했다고 봅니다. 여기에 기계가공이 갖고 있는 한계를 모두 뛰어넘으며 3D 모델링 기술을 한층 더 발전시킨 3D프린팅 기술의 등장은 그야말로 혁명이나 다름없는 파급효과를 가져왔습니다.

4차 산업사회에 맞춰 교육현장은 물론 국가직무능력표준(NCS) 역시 발 빠르게 교육 계획과 신기술 자격증에 대한 출제 기준을 만들어 가고 있습니다. 3D프린터운용기능사는 산업 현장에서 요구하는 대표적인 신기술 자격증입니다. 아직은 미흡한 부분도, 열악한 부분도 있지만, 본 자격은 미래를 준비하는 데 반드시 필요한 자격이 될 것임을 믿어 의심치 않습니다.

본서는 무궁무진한 3D프린팅 산업의 전면에 나서고자 하는 수험생 여러분들에게 도움이 되고자 다음과 같은 사항에 중점을 두고 집필되었습니다.

1. 인벤터의 기초부터 핵심 기능까지 완벽 분석

인벤터의 기초 및 핵심 기능을 수록하여 2D 스케치부터 3D 모델링까지 기초를 탄탄하게 학습할 수 있도록 하였습니다.

2. 기초 스케치를 통한 실전연습

공개도면을 참고한 기초 스케치 도면을 학습함으로써 실전에 대한 적응력을 키울 수 있도록 하였습니다.

3. 2024년 25~27형 포함, 1~27형 공개도면 풀이 수록 및 작업과정 무료 동영상 제공

2024년 새로 추가된 25~27형 공개도면을 포함한 총 27개 공개도면 풀이를 수록하여 실전 감각을 키우고, 이에 대한 작업과정 무료 동영상을 제공하여 초보자도 혼자서 충분히 실습할 수 있도록 하였습니다.

3D프린터운용기능사 자격시험에 도전하는 여러분들이 부디 3D프린터로 3D 모델링 기술을 마음껏 표현하여 산업사회를 이끌어가는 선두주자가 되길 바라는 마음입니다. 그 과정에 본서가 조금이나마 도움이 되기를 기원합니다.

저자 이빛샘

3D프린터운용기능사

① **응시자격** : 연령, 학력, 경력, 성별, 지역 등에 제한을 두지 않음(제한 없음)
② **필기**
- 검정방법 : 객관식 4지 택일형 60문항(60분)
- 합격기준 : 100점을 만점으로 하여 60점 이상
- 필기과목

	제품 스캐닝	• 스캐닝 방식 • 스캔데이터
	3D모델링	• 도면분석 및 2D 스케치 • 객체 형성 • 객체 조립 • 출력용 설계 수정
1. 데이터 생성 2. 3D프린터 설정 3. 제품출력 및 안전관리	3D프린터 SW 설정 .	• 문제점 파악 및 수정 • 출력보조물 • 슬라이싱 • G코드
	3D프린터 HW 설정	• 소재 준비 • 장비출력 설정
	제품출력	• 출력 확인 및 오류 대처 • 출력물 회수 • 출력물 후가공
	3D프린팅 안전관리	• 안전수칙 확인 • 예방점검 실시

③ **실기**
- 검정방법 : 작업형(3시간)
- 합격기준 : 100점을 만점으로 하여 60점 이상
- 실기과목

3D프린팅 운용 실무	엔지니어링모델링	• 2D 스케치하기 • 3D 엔지니어링 객체형성 하기 • 객체 조립하기 • 출력용 설계 수정하기
	넙스 모델링	• 3D 형상 모델링하기 • 3D 형상데이터 편집하기 • 출력용 데이터 수정하기
	폴리곤 모델링	• 3D 형상 모델링하기 • 3D 형상데이터 편집하기 • 출력용 데이터 수정하기
	출력용데이터확정	• 문제점 파악하기 • 데이터 수정하기 • 수정데이터 재생성하기
	3D프린터 SW 설정	• 출력보조물 설정하기 • 슬라이싱하기 • G코드 생성하기
	3D프린터 HW 설정	• 소재 준비하기 • 데이터 준비하기 • 장비출력 설정하기
	제품 출력	• 출력과정 확인하기 • 출력오류 대처하기 • 출력물 회수하기
	3D프린팅 안전관리	안전수칙 확인하기

- 합격률

연도	필기			실기		
	응시	합격	합격률(%)	응시	합격	합격률(%)
2023년	7,661	4,544	59.3%	4,719	3,430	72.7%
2022년	4,718	3,162	67%	3,613	2,654	73.5%
2021년	5,757	3,960	68.8%	3,858	2,926	75.8%
2020년	3,859	2,802	72.6%	3,179	2,396	75.4%
2019년	3,242	2,316	71.4%	2,706	1,525	56.4%

3D프린터운용기능사 실기 과제 내용

1. [시험1] 과제 : 3D 모델링 작업

(1) 작업순서 : 3D 모델링 → 어셈블리 → 슬라이싱

(2) 3D 모델링

　① 주어진 도면의 부품 ①, 부품 ②를 1:1척도로 3D 모델링한다.

　② 상호 움직임이 발생하는 부위의 치수 A, B는 수험자가 결정한다. (단, 해당부위의 기준치수와 차이를 ±1mm 이하로 함)

　③ 도면과 같이 지정된 위치에 부여받은 비번호를 모델링에 각인한다. (단, 글자체, 글자 크기, 글자 깊이 등은 별도의 정보가 없으므로 도면과 유사한 모양 및 크기로 작업함)

(3) 어셈블리

　① 각 부품을 도면과 같이 1:1척도 및 조립된 상태로 어셈블리 한다. (단, 도면과 같이 지정된 위치에 부여받은 비번호가 각인되어 있어야 함)

　② 어셈블리 파일은 하나의 조립된 형태로 다음과 같이 저장한다.

　　㉠ '수험자가 사용하는 소프트웨어의 기본 확장자' 및 'STP(STEP) 확장자' 2가지로 저장한다. (단, STP 확장자 저장 시 버전이 여러 가지일 경우 상위 버전으로 저장함)

　　㉡ 슬라이싱 작업을 위하여 STL 확장자로 저장한다. (단, 어셈블리 형상의 움직이는 부분은 출력을 고려하여 움직임 범위 내에서 임의로 이동시킬 수 있음)

　　㉢ 파일명은 부여받은 비번호로 저장한다.

(4) 슬라이싱

　① 어셈블리 형상을 1:1척도 및 조립된 상태로 출력할 수 있도록 슬라이싱 한다.

　② 작업 전 반드시 수험자가 직접 출력할 3D프린터 기종을 확인한 후 슬라이서 소프트웨어의 설정값을 수험자가 결정하여 작업한다. (단, 3D프린터의 사양을 고려하여 슬라이서 소프트웨어에서 3D프린팅 출력시간이 1시간 20분 이내가 되도록 설정값을 결정함)

　③ 슬라이싱 작업 파일은 다음과 같이 저장한다.

　　㉠ 시험장의 3D프린터로 출력이 가능한 확장자로 저장한다.

　　㉡ 파일명은 부여받은 비번호로 저장한다.

※ 최종 제출파일 목록

구분	작업명	파일명 (비번호 02인 경우)	비고
1	어셈블리	02.***	확장자 : 수험자 사용 소프트웨어 규격
2		02.STP	채점용(※ 비번호 각인 확인)
3		02.STL	슬라이서 소프트웨어 작업용
4	슬라이싱	02.***	3D프린터 출력용 확장자 : 수험자 사용 소프트웨어 규격

1) 슬라이서 소프트웨어상 출력예상시간을 시험감독위원에게 확인받고, 최종 제출파일을 지급된 저장매체(USB 또는 SD-card)에 저장하여 제출한다.
2) 모델링 채점 시 STP 확장자 파일을 기준으로 평가하오니, 이를 유의하여 변환한다. (단, 시험감독위원이 정확한 평가를 위해 최종 제출파일 목록 외의 수험자가 작업한 다른 파일을 요구할 수 있음)

2. [시험2] 과제 : 3D프린팅 작업

(1) 작업순서 : 3D프린터 세팅 → 3D프린팅 → 후처리

(2) 3D프린터 세팅

① 노즐, 베드 등에 이물질을 제거하여 출력 시 방해요소가 없도록 세팅한다.

② PLA 필라멘트 장착 여부 등 소재의 이상여부를 점검하고 정상 작동하도록 세팅한다.

③ 베드 레벨링 기능 등을 활용하여 베드 위치를 세팅한다.

※ 별도의 샘플 프로그램을 작성하여 출력테스트를 할 수 없음

(3) 3D프린팅

① 출력용 파일을 3D프린터로 수험자가 직접 입력한다. (단, 무선 네트워크를 이용한 데이터 전송 기능은 사용할 수 없음)

② 3D프린터의 장비 설정값을 수험자가 결정한다.

③ 설정작업이 완료되면 3D 모델링 형상을 도면치수와 같이 1:1척도 및 조립된 상태로 출력한다.

(4) 후처리

① 출력을 완료한 후 서포트 및 거스러미를 제거하여 제출한다.

② 출력 후 노즐 및 베드 등 사용한 3D프린터를 시험 전 상태와 같이 정리하고 시험감독위원에게 확인받는다.

구성과 특징

핵심만 쏙쏙! 기초를 탄탄하게!

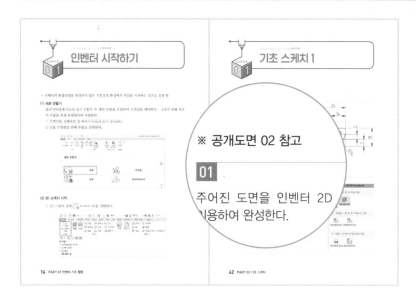

- 모델링에 꼭 필요한 핵심 기능을 수록하여 효율적인 학습이 가능하게 하였습니다.
- 실전감각 향상을 위해 공개도면에 수록된 도면 중 일부를 기초 스케치로 학습하게 하였습니다.

1~27형 공개도면 완벽 해설

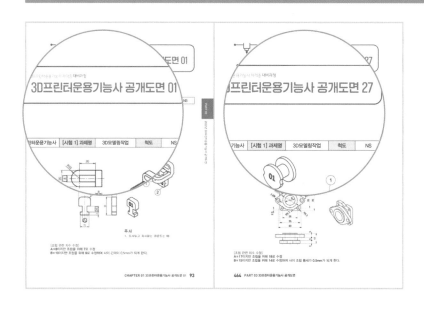

- 2024년 25~27형 포함, 1~27형 공개도면에 대한 풀이를 수록하여 실전시험에 대비할 수 있게 하였습니다.
- 공개도면 작업과정 동영상을 제공하여 이해도를 높일 수 있게 하였습니다.

동영상 이용 가이드

STEP 1 로그인 후 메인 화면 상단의 [동영상]을 누른 다음 수강할 강좌를 선택합니다.

STEP 2 시리얼 번호 등록 안내 팝업창이 뜨면 [확인]을 누른 뒤 [시리얼 번호]를 입력합니다.

시리얼 번호			
XXXX	XXXX	XXXX	XXXX

STEP 3 [마이페이지]를 클릭하면 등록된 영상을 [동영상 시리얼]에서 확인할 수 있습니다.

시리얼 번호

S045 - 6325 - A714 - 0MRW

목차

PART 03 3D프린터운용기능사 공개도면

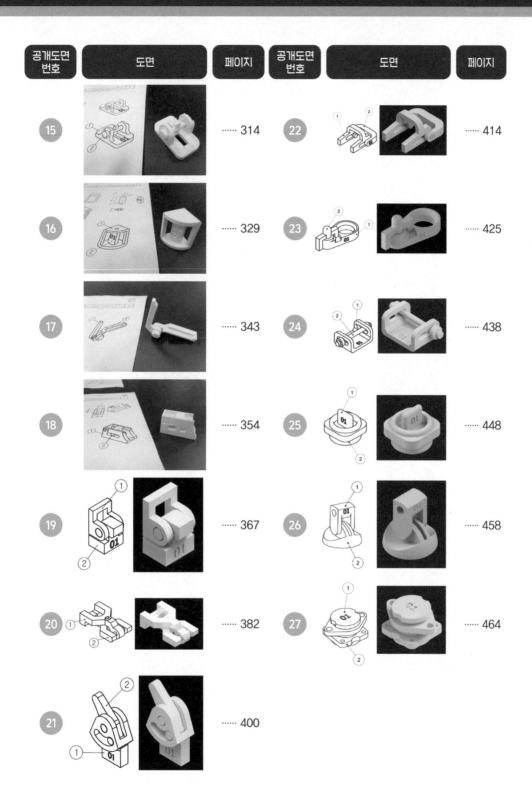

3D프린터운용기능사 자격증 대비과정
3D프린터운용기능사 실기

PART 01

인벤터
기초 활용

3D프린터운용기능사 자격증 대비과정

CHAPTER 01

인벤터 시작하기

※ 인벤터의 환경설정을 변경하지 않은 기본설정 환경에서 작업을 시작하는 것으로 설명함

(1) 새로 만들기

3D프린터운용기능사 실기 시험은 두 개의 부품을 조립하여 프린팅해야 한다. 그러기 위해 각각의 부품을 먼저 모델링하여 저장한다.

① 인벤터를 실행하면 첫 화면이 다음과 같이 생성된다.

② 단품 모델링을 위해 부품을 선택한다.

(2) 2D 스케치 시작

① 2D 스케치 시작([🗗] 2D 스케치 시작)을 선택한다.

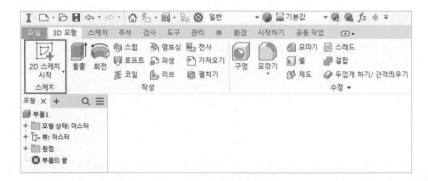

② XY좌표 평면을 선택한다.

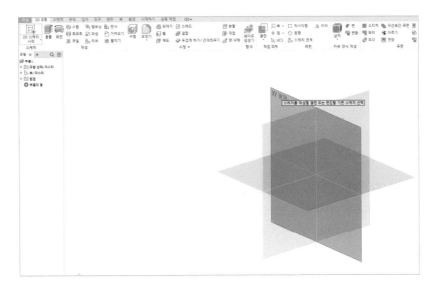

2D 스케치하기

(1) 선 그리기 (✏) [단축키 : L]

선 그리기 아이콘(✏)을 선택하여 그려도 되고 단축키 "L"을 선택하여 그려도 된다. 3D프린터운용
기능사 실기에 나오는 과제는 선(✏)만으로도 모두 그릴 수 있어 스플라인 및 다른 곡선에 대한 설
명은 생략한다.

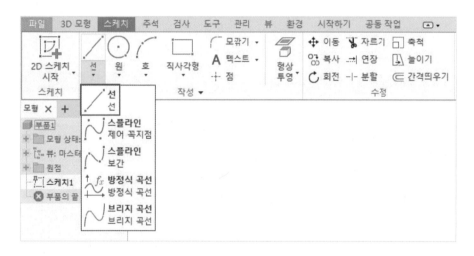

(2) 원 그리기 (⊙) [단축키 : Ctrl+Shift+C]

원 중심점(⊙원중심점) 아이콘을 이용하여 원을 그린다.

(3) 직사각형 그리기(▱)

직사각형 그리기에 관한 서브메뉴가 여러 개 있지만, 많이 사용하는 몇 가지만 다루도록 한다.

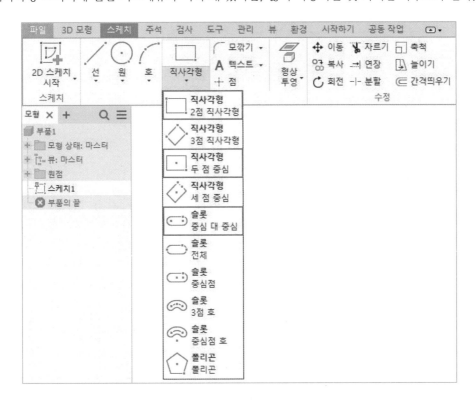

① 2점 직사각형 (▱ 직사각형 2점 직사각형) : 대각선 구석에 두 점을 사용하여 직사각형을 작성

② 두 점 중심 직사각형(▱ 직사각형 두 점 중심) : 두 개의 점을 중심으로 직사각형을 작성

③ 슬롯/중심 대 중심(⬭ 슬롯 중심 대 중심) : 두 중심 간의 선형 슬롯(장공)을 작성

(4) 모깎기 및 모따기

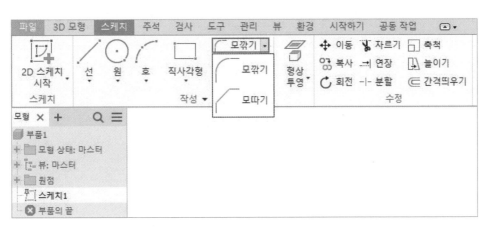

① 모깎기 (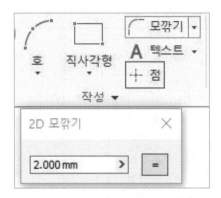 모깎기) : 두 개의 선이 교차하는 지점에 모서리를 정해진 반지름의 크기만큼 둥글게 깎아주는 형상

② 모따기 (모따기) : 두 개의 선이 교차하는 지점에 지정한 크기로 사선으로 모서리를 따내는 형상
　ㄱ 모서리의 끝이 같을 때(45° 모따기) 거리 값을 하나만 넣으면 된다.
　ㄴ 모서리의 한쪽 거리 값과 각도를 알 때 사용한다.

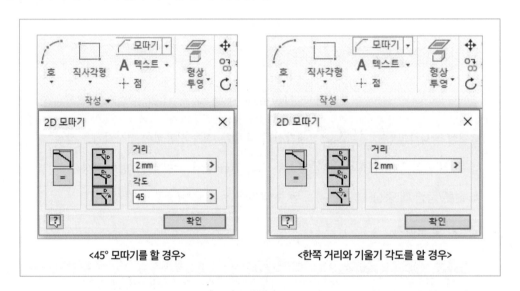

<45° 모따기를 할 경우>　　　　　　　<한쪽 거리와 기울기 각도를 알 경우>

(5) 텍스트 쓰기 (A 텍스트)

① 문자를 작성할 때 사용하며 3D프린터운용기능사 실기에서는 비번호를 각인할 때 사용한다.

② 문자가 들어갈 영역을 선택한다.

③ 글꼴과 문자의 크기, 글자의 굵기를 정하도록 한다.

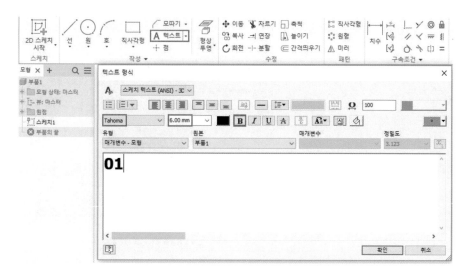

(6) 형상 투영 (형상 투영)

3D 모델링을 한 후 2D 스케치 면을 선택하여 사용할 때 활성화할 모델링의 모서리 선을 선택한다.

① 형상 투영(형상 투영) : 지정한 스케치 평면의 모서리 선 등을 활성화(투영)해 줌

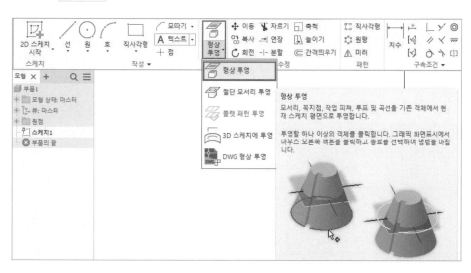

② 절단 모서리 투영(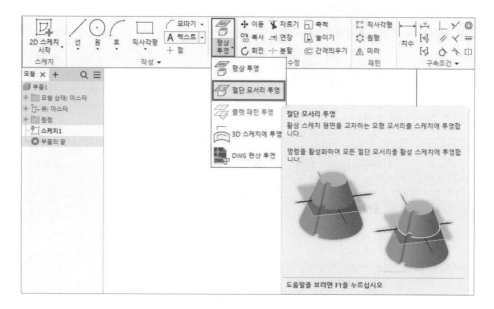 절단 모서리 투영) : 스케치 면을 중간평면이나 모델링의 안쪽 면을 스케치 면으로 선택하였을 때 절단 면의 모서리 전체를 활성화(투영)하여 사용할 수 있도록 함

수정하기

(1) 이동(✛ 이동)

① 이동할 스케치를 선택한다.

② 기준점을 선택하여 스케치 형상을 이동한다.

③ 복사를 클릭하면 복사도 가능하다.

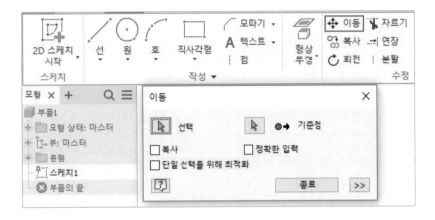

(2) 복사(⅏ 복사)

① 선택한 스케치 형상을 복사하고 스케치에 하나 이상의 복제를 배치한다.

② 복사할 스케치 형상을 선택하고 기준점을 선택한 후 복사할 위치를 클릭한다.

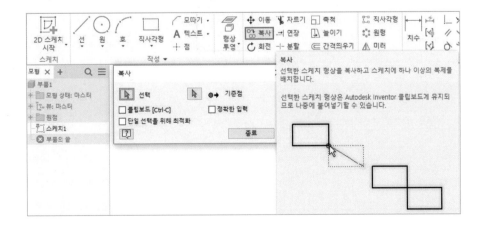

(3) 회전(↻ 회전)

중심점을 기준으로 선택한 스케치 형상을 지정한 각도만큼 회전시킨다.

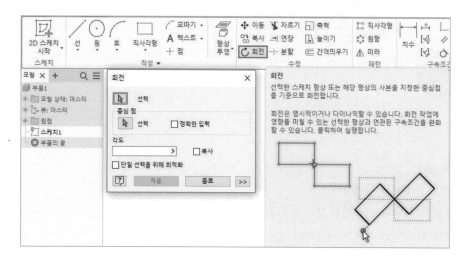

(4) 자르기 (자르기)

① 가장 가까운 교차 곡선 또는 선택한 경계 형상까지 곡선을 자른다.

② 편집할 선 위에 커서를 놓으면 자르기 미리보기가 표시된다.

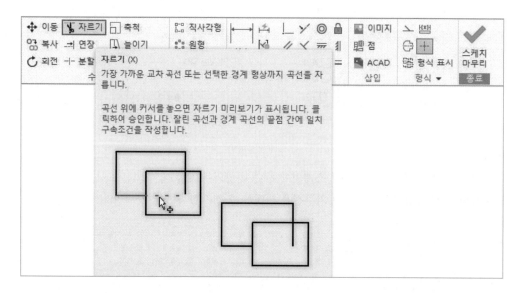

(5) 연장(⊣ 연장)

① 선택한 선이나 곡선이 가장 가까운 경계 형상까지 연장된다.

② 연장할 선 위에 커서를 올려 놓으면 미리보기를 볼 수 있다.

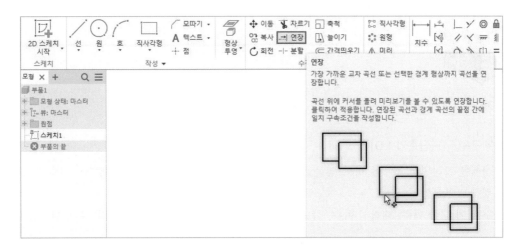

(6) 간격띄우기(⊂ 간격띄우기)

간격띄우기 객체를 선택한 후 띄우기 값을 입력한다.

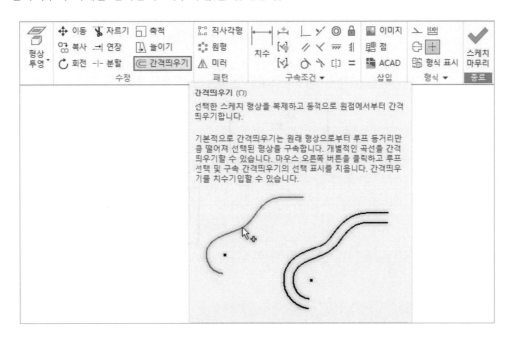

3D프린터운용기능사 자격증 대비과정

구속조건

CHAPTER
04

(1) 치수 구속(⬚) [단축키 : D]

① 객체를 그리면서 치수를 바로 넣을 수도 있고 스케치 먼저하고 객체를 선택하여 치수로 크기를 정하고 구속할 수 있다.

② 두 점에 대한 치수, 대각선 치수, 각도 치수, 지름 및 반지름 치수 등을 기입할 수 있다.

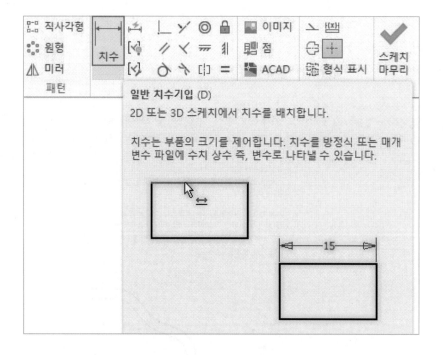

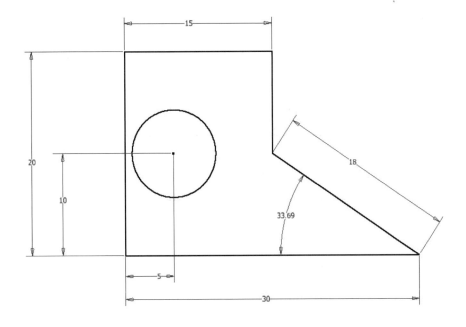

(2) 일치 구속(└┘)

① 끝점을 선택하여 다른 형상의 중간점이나 선에 구속시킬 수 있다.

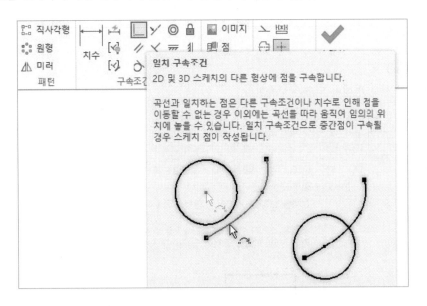

② 선분의 끝점과 사각형 위쪽의 중심점을 선택하여 일치 구속한다.

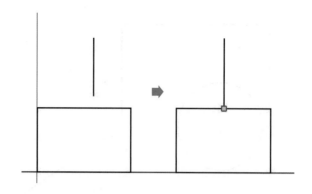

(3) 동일선상 구속(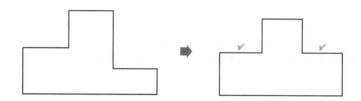)

① 두 개 이상의 선을 동일한 선에 놓이게 한다.
② 먼저 선택한 선분에 맞춰서 동일한 선상에 일치 구속한다.

(4) 평행 구속( )

선택한 선이 서로 평행이 되도록 구속한다.

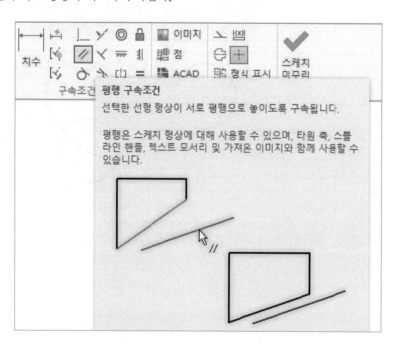

(5) 직각구속( )

① 선택한 선을 서로 직각으로 구속한다.

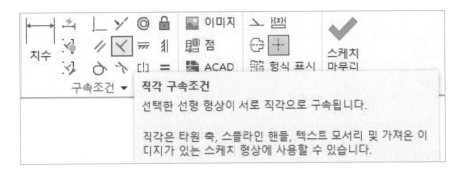

② 아래쪽 수평선을 기준으로 두 개의 선분을 직각으로 구속한다.

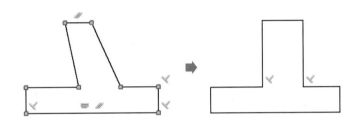

(6) 접선구속( )

① 원이나 곡선에 다른 선이나 곡선을 접하도록 구속한다.

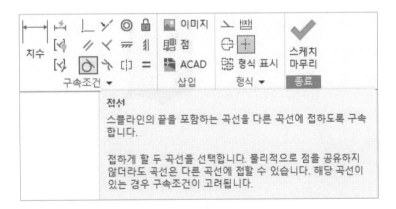

② 두 개의 원과 선분을 접선으로 구속한다. 선이 모자랄 경우 연장(연장)으로 붙여준다.

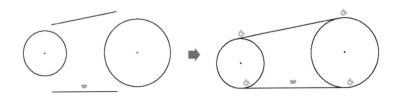

3D프린터운용기능사 자격증 대비과정

3D 모델링 명령어

(1) 돌출( ) [단축키 : E]

① 스케치한 영역에 두께를 주어 3D 형상을 만든다.

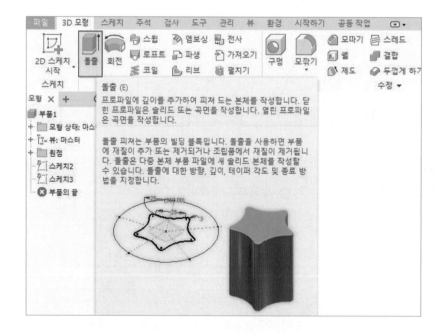

② 입력한 거리 만큼 돌출을 시킨다.

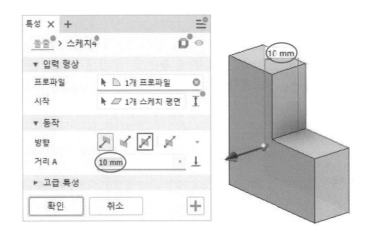

③ 대칭( )

ㄱ 선택한 작업평면 또는 스케치 면을 기준으로 양쪽으로 거리값 만큼 돌출시킨다.

ㄴ 잘라내기를 이용하여 구멍을 만든다.

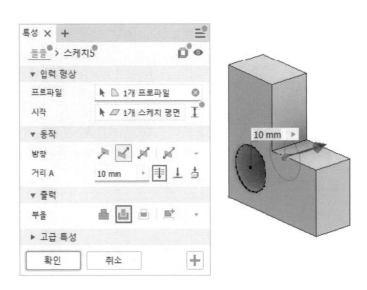

④ 잘라내기( ) : 선택된 스케치 모양대로 거리값을 주면 빼내기함

(2) 회전(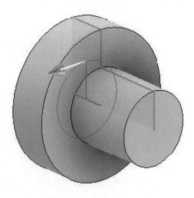) [단축키 : R]

① 중심축을 기준으로 프로파일을 회전하여 회전체 모델링을 만든다.

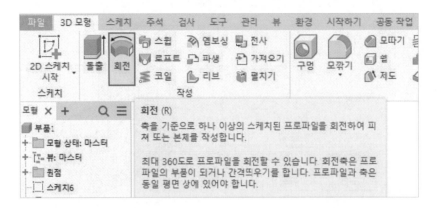

② 프로파일을 선택하고 중심축을 선택하여 각도를 지정하여 회전체를 만든다.

(3) 모깎기(⬤) [단축기 : F]

① 모델링 된 형체의 모서리를 정해진 값으로 라운드를 만들어 준다.

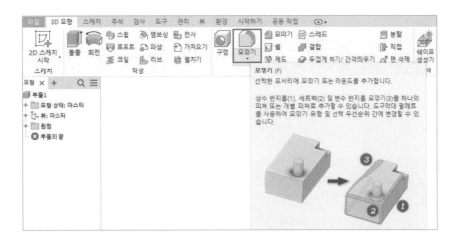

② 모깎기 값을 정하고 모서리를 선택하여 모깎기를 완성한다.

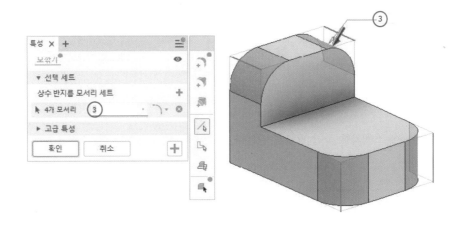

(4) 모따기(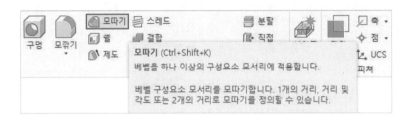 모따기)

모델링 객체의 모서리를 정해진 거리 값으로 45° 모따기를 하거나 지정한 거리와 각도로 모따기를 한다.

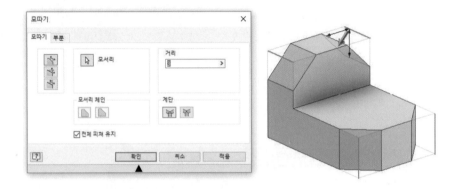

(5) 평면(▣) 설정

① 모델링 형체에 스케치할 작업 평면을 만든다.

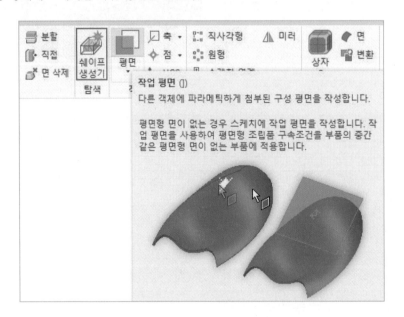

② 평면 설정의 여러 가지 메뉴 중에서 '평면에서 간격띄우기', '두 평면 사이의 중간평면'이 3D프린 터운용기능사 실기 공개도면 모델링 작성할 때 가장 많이 사용하는 메뉴이다.

③ 평면에서 간격띄우기(평면에서 간격띄우기) : 기준 평면을 선택하여 그 면에서 부터의 거리 값을 두어 평 면을 설정하고 2D 스케치 등을 할 수 있음

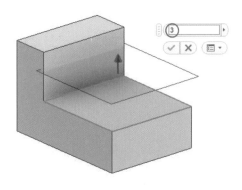

④ 두 평면 사이의 중간평면 ( 두 평면 사이의 중간평면) : 중간평면을 만들 양쪽 면을 한 번씩 클릭하여 중간 평면을 생성

<중간평면 만들기>

3D프린터운용기능사 자격증 **대비과정**

CHAPTER 06

조립품 만들기

3D프린터운용기능사 실기 공개도면은 단품 모델링을 2개 만들어 조립된 상태로 프린팅을 해야 한다.
2개의 단품 모델링을 불러와 조립할 때 사용하는 명령어를 알아본다.

(1) 조립품 새 파일 작성하기

① 새 파일 작성하기를 하여 조립품에 [Standard.iam] 아이콘을 선택한다.

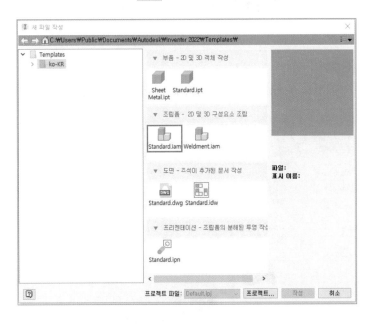

② 메뉴 상단에서 바로 조립품(조립품)을 선택해도 된다.

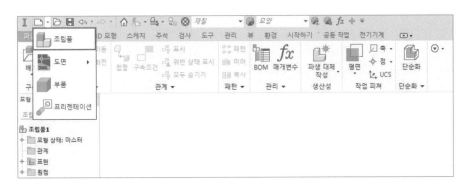

(2) 배치(📄)하기 [단축키 : P]

미리 만들어 놓은 두 개의 단품모델링(ipt파일)을 불러들여 배치한다.

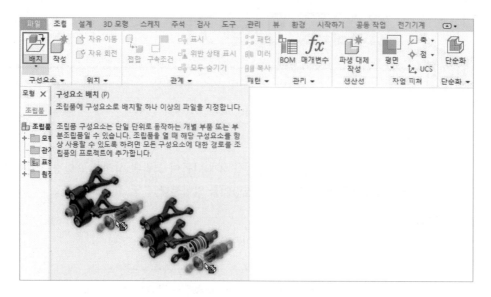

(3) 구속조건(📄) [단축키 : C]

① 배치한 두 개의 모델링 부품을 조립조건에 맞게 구속을 한다.

② 구속조건 배치

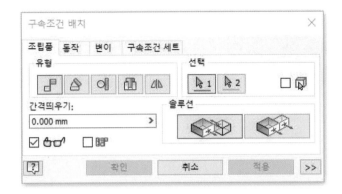

ㄱ 🔲 : 메이트, 짝 만들기

ㄴ 🔲 : 접선

ㄷ 🔲 : 삽입

ㄹ 🔲 : 각도

ㅁ 🔲 : 메이트, 면과 면을 마주봄

ㅂ 🔲 : 플러쉬, 면과 면을 나란히 정렬

(4) 조립 순서

① 두 개의 부품을 배치한다.

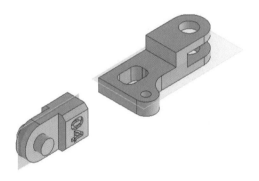

② 중간평면끼리 메이트를 시킨다.

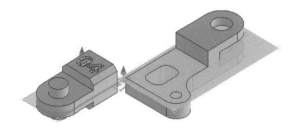

③ 축과 구멍을 메이트시킨다.

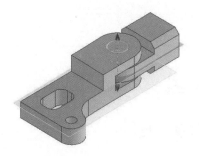

④ 조립 완성

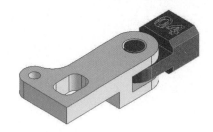

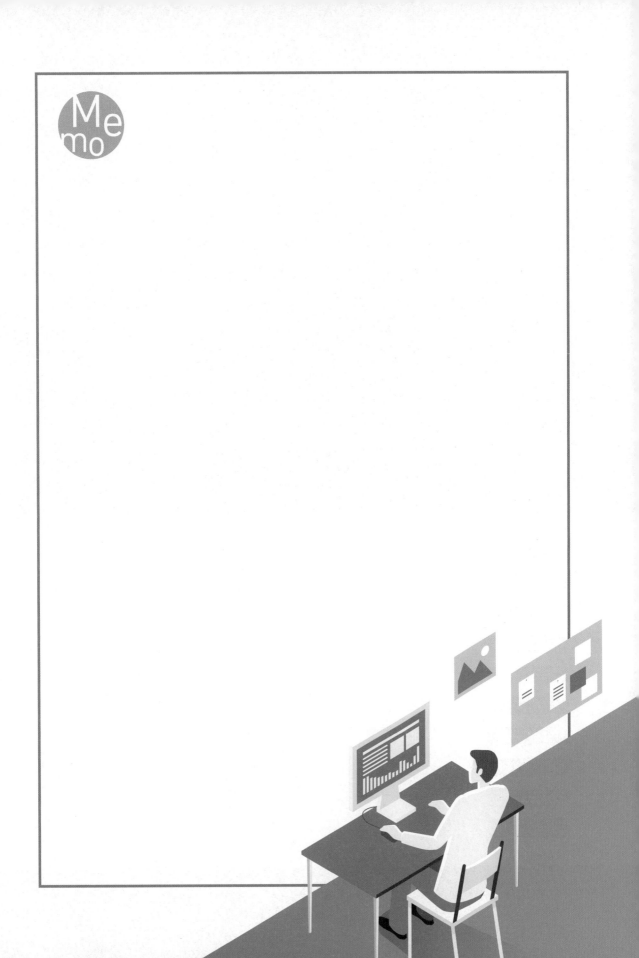

3D프린터운용기능사 자격증 대비과정
3D프린터운용기능사 실기

PART **02**

기초 스케치

3D프린터운용기능사 자격증 대비과정

기초 스케치 1

※ 공개도면 02 참고

01

주어진 도면을 인벤터 2D 스케치를
이용하여 완성한다.

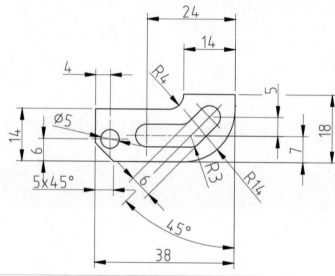

02

새 파일 작성에서 부품 템플릿(Standard.ipt)을
선택하여 단품스케치를 준비한다.

새 파일 작성

← → ⌂ C:₩Users₩Public₩Documents₩Autodesk₩Inventor 2021₩Templates₩

∨ 📁 Templates
  > 📁 ko-KR

▼ 부품 - 2D 및 3D 객체 작성

Sheet Metal.ipt   Standard.ipt

▼ 조립품 - 2D 및 3D 구성요소 조립

Standard.iam   Weldment.iam

▼ 도면 - 주석이 추가된 문서 작성

Standard.dwg   Standard.idw

03

2D 스케치 시작(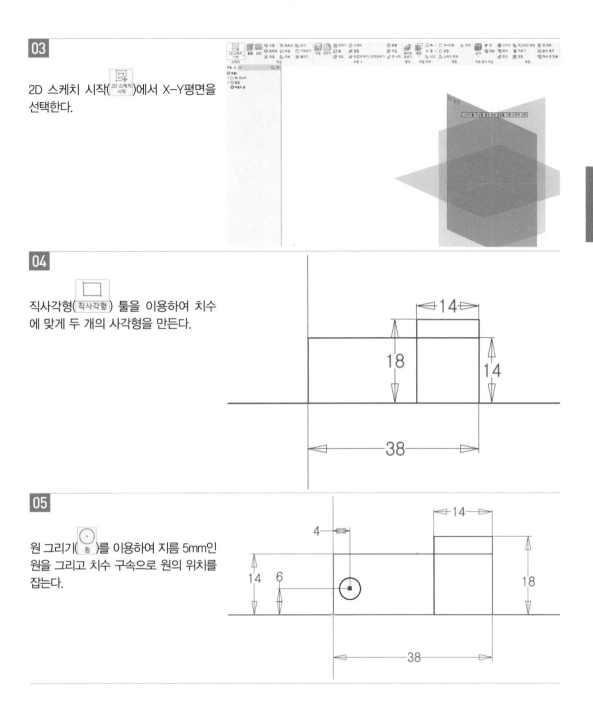)에서 X-Y평면을
선택한다.

04

직사각형(직사각형) 툴을 이용하여 치수
에 맞게 두 개의 사각형을 만든다.

14

18

14

38

05

원 그리기(원)를 이용하여 지름 5mm인
원을 그리고 치수 구속으로 원의 위치를
잡는다.

4

14

6

14

18

38

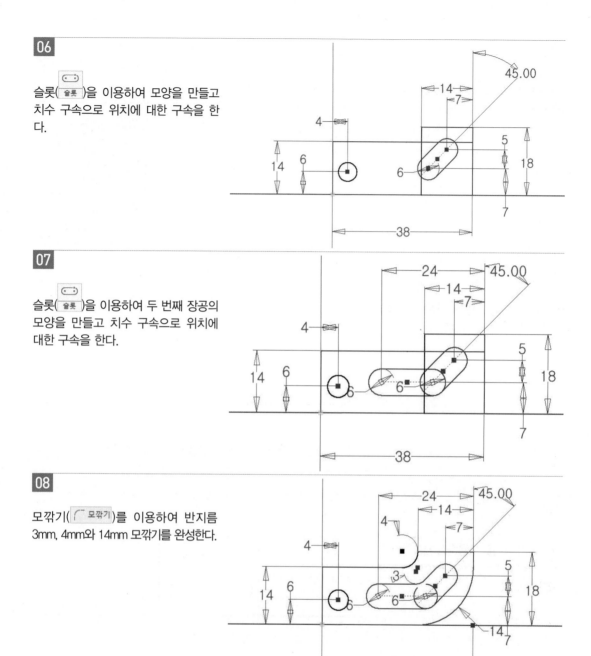

06

슬롯(슬롯)을 이용하여 모양을 만들고 치수 구속으로 위치에 대한 구속을 한다.

07

슬롯(슬롯)을 이용하여 두 번째 장공의 모양을 만들고 치수 구속으로 위치에 대한 구속을 한다.

08

모깎기(모깎기)를 이용하여 반지름 3mm, 4mm와 14mm 모깎기를 완성한다.

09

모따기(모따기)를 이용하여 왼쪽
아래 모서리에 5mm 모따기를 해 준다.

10

스케치 완성

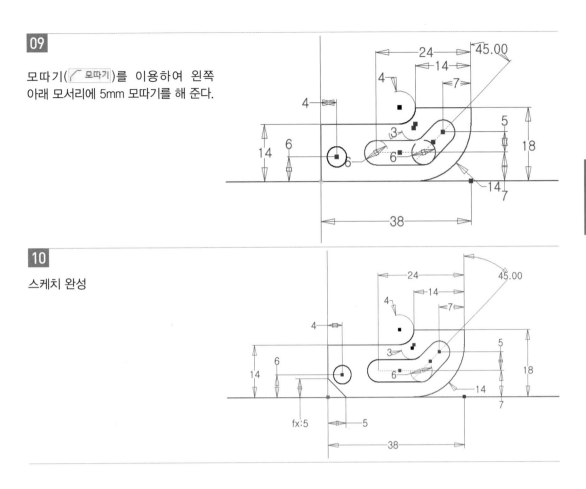

3D프린터운용기능사 자격증 대비과정

기초 스케치 2

CHAPTER
02

※ 공개도면 03 참고

01

주어진 도면을 인벤터 2D 스케치를
이용하여 완성한다.

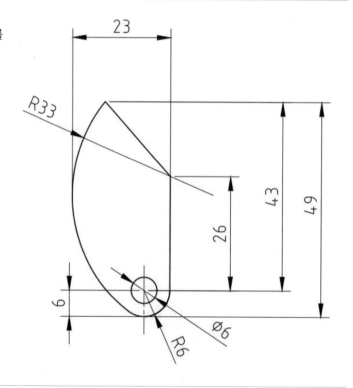

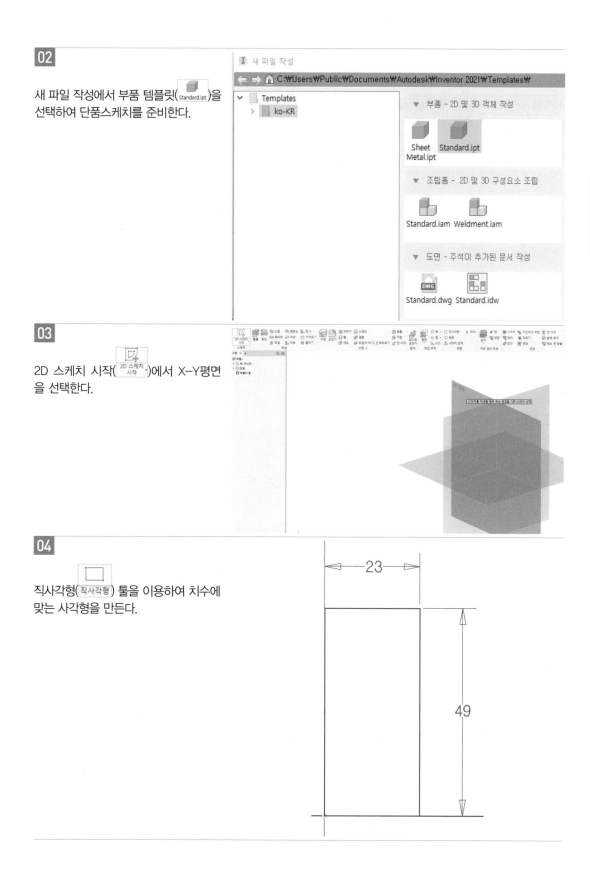

02

새 파일 작성에서 부품 템플릿(Standard.ipt)을
선택하여 단품스케치를 준비한다.

03

2D 스케치 시작(2D 스케치 시작)에서 X–Y평면
을 선택한다.

04

직사각형(직사각형) 툴을 이용하여 치수에
맞는 사각형을 만든다.

23

49

05

사각형 하단에 두 개의 원(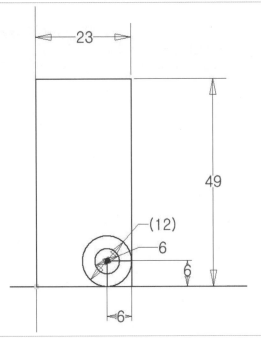)을 치
수에 맞게 그린 후 중심 위치를 치수에
맞게 기입한다.

06

지름 66mm 원을 임의의 위치에 그린다.

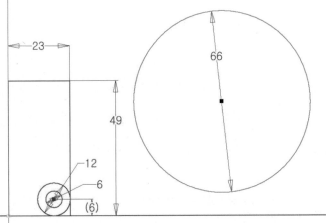

07

구속조건의 접선(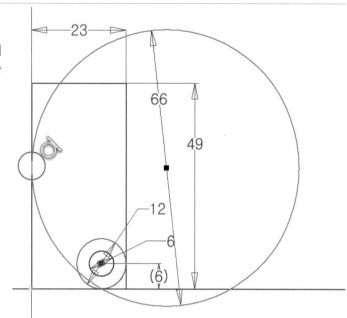) 툴을 이용하여
원과 사각형 왼쪽 선을 접선으로 구속
한다.

08

접선이 된 것을 확인하고 바로 아래쪽
원과 큰 원을 선택하여 접원으로 구속
한다.

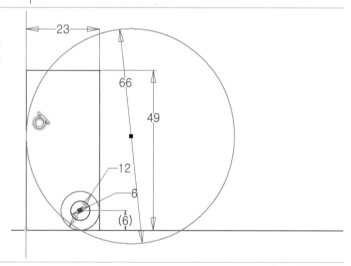

09

접선 부위를 확인한다.

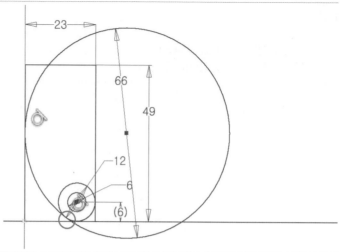

10

오른쪽 모서리 부분 선 그리기를 이용
하여 치수 구속으로 그려 준다.

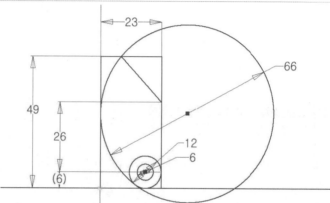

11

수정에 자르기(✂ 자르기) 툴을 이용하여
필요 없는 부분을 잘라내고 치수 구속
은 삭제하여 스케치 작업을 완성한다.

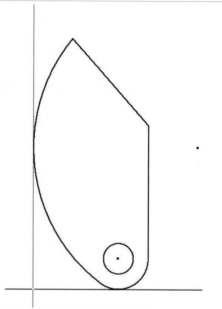

기초 스케치 3

※ 공개도면 05 참고

01

주어진 도면을 인벤터 2D 스케치를
이용하여 완성한다.

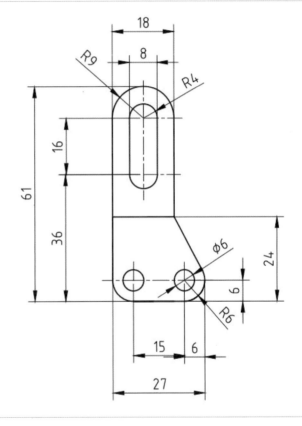

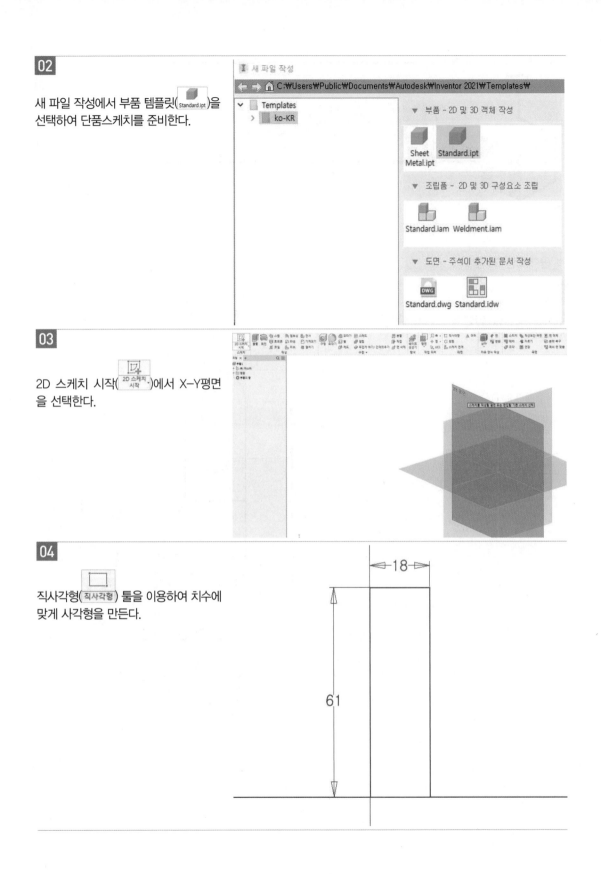

02

새 파일 작성에서 부품 템플릿(Standard.ipt)을 선택하여 단품스케치를 준비한다.

03

2D 스케치 시작(2D 스케치 시작)에서 X-Y평면을 선택한다.

04

직사각형(직사각형) 툴을 이용하여 치수에 맞게 사각형을 만든다.

05

사각형 아래의 중심에서부터 52mm

직선을 그려 준다. 슬롯(슬롯) 툴을 이용하여 슬롯의 크기를 정하고 위치에 맞게 치수 구속을 한다.

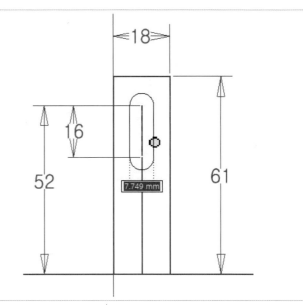

06

슬롯의 형상과 위치를 확인한다.

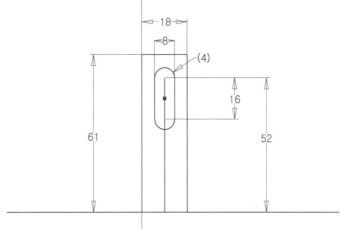

아래 부분을 기준으로 직사각형 툴을 이용하여 사각박스를 치수에 맞게 그린다.

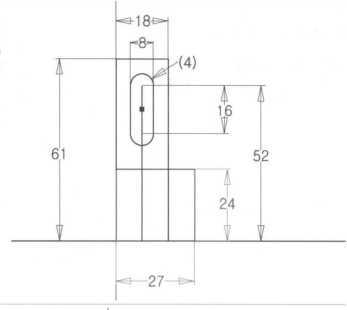

08

모깎기(모깎기) 툴을 이용하여 모깎기 값을 6mm로 설정하고 아래쪽, 양쪽 모서리를 선택한다.

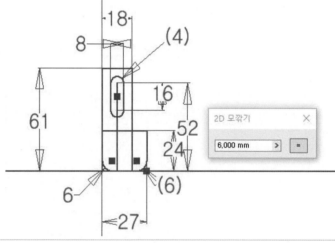

09

모깎기한 곳에 중심점을 기준으로 지름 6mm인 원을 두 개 그린다.

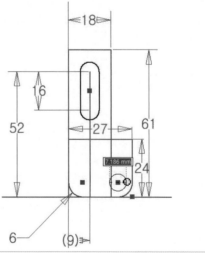

10

오른쪽 원을 중심으로 지름 12mm인 원을
그려 준다.

11

선 그리기를 이용하여 그림과 같이 원에
접선으로 구속한다.

12

기본 형상이 만들어진 상태

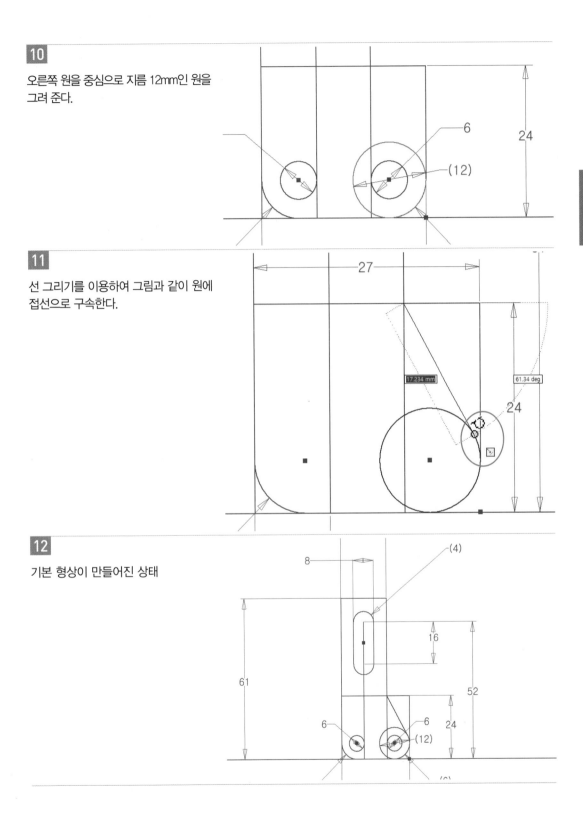

13

위쪽 사각모서리를 모깎기(⌒ 모깎기)
툴을 이용하여 반지름 값을 9mm로 설
정한 후 모서리 두 곳을 선택한다.

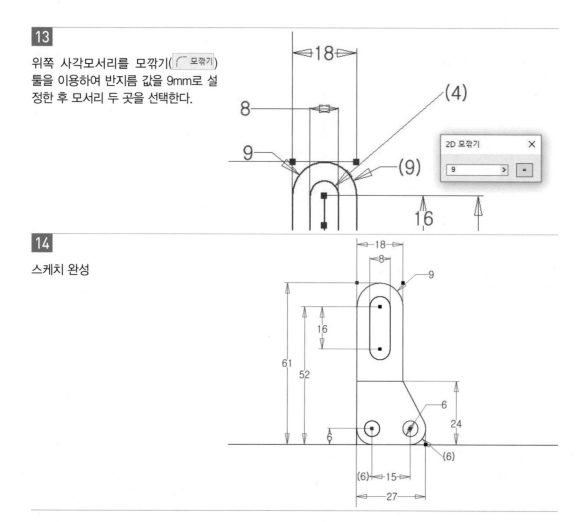

14

스케치 완성

기초 스케치 4

CHAPTER

04

※ 공개도면 09 참고

01

주어진 도면을 인벤터 2D 스케치를 이용하여 완성한다.

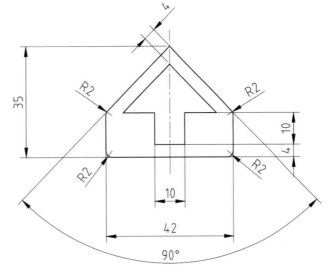

02

새 파일 작성에서 부품 템플릿(Standard.ipt)을 선택하여 단품스케치를 준비한다.

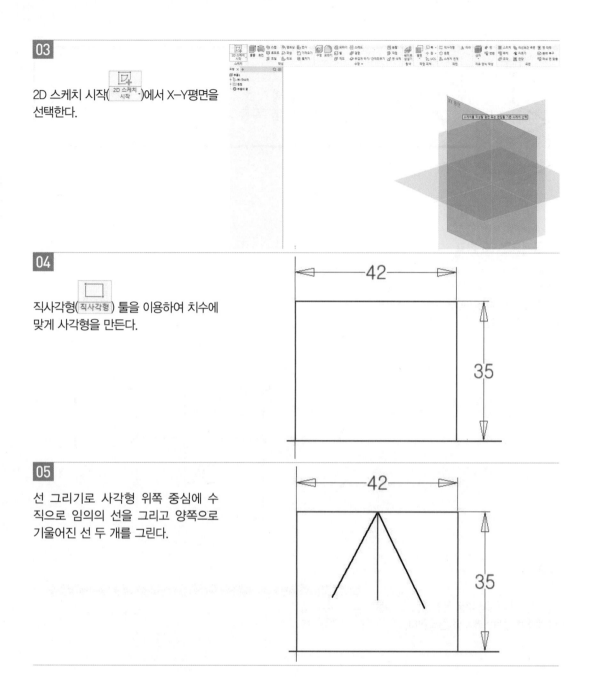

03

2D 스케치 시작(⬚ 2D 스케치 시작)에서 X-Y평면을 선택한다.

04

직사각형(⬚ 직사각형) 툴을 이용하여 치수에 맞게 사각형을 만든다.

42

35

05

선 그리기로 사각형 위쪽 중심에 수직으로 임의의 선을 그리고 양쪽으로 기울어진 선 두 개를 그린다.

42

35

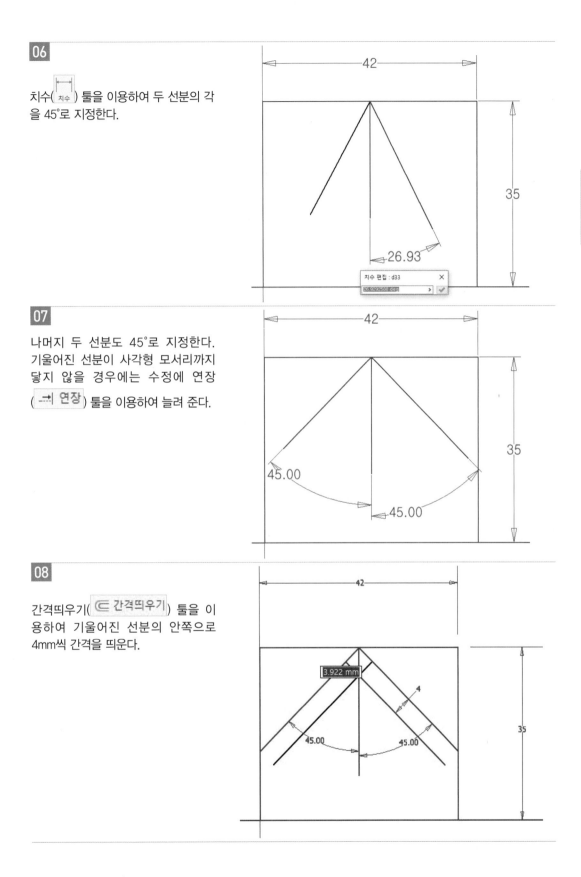

06

치수(치수) 툴을 이용하여 두 선분의 각을 45°로 지정한다.

07

나머지 두 선분도 45°로 지정한다. 기울어진 선분이 사각형 모서리까지 닿지 않을 경우에는 수정에 연장(-→| 연장) 툴을 이용하여 늘려 준다.

08

간격띄우기(⊂ 간격띄우기) 툴을 이용하여 기울어진 선분의 안쪽으로 4mm씩 간격을 띄운다.

09

수정에 연장(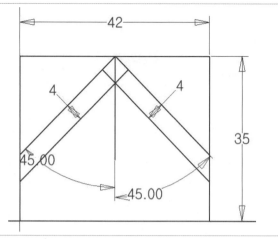 연장) 툴을 이용하여
간격띄우기한 선을 모서리까지 늘려 준다.

10

선 그리기를 이용하여 아래쪽 중심에
4mm 선과 10mm 선을 그려서 위치를
잡아 둔다.

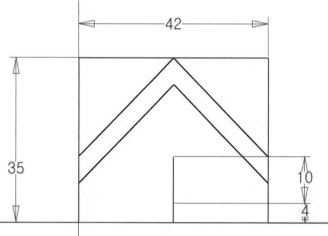

11

선 그리기로 형상에 맞게 치수 기입을
하며 모양을 만든다.

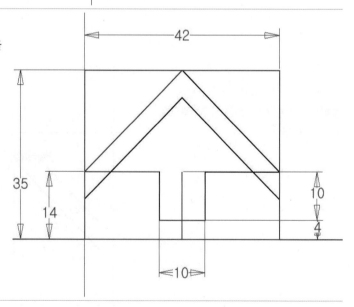

12

모깎기(⌐ 모깎기)를 이용하여 각각의
모서리에 2mm로 모깎기를 해 준다.

13

스케치 완성

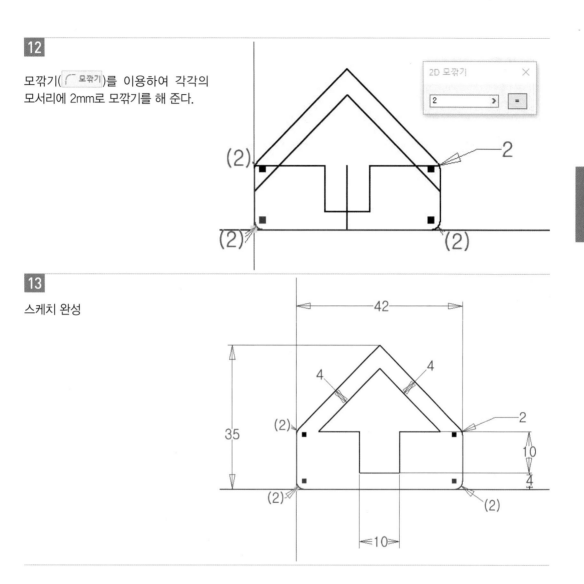

기초 스케치 5

CHAPTER 05

※ 공개도면 10 참고

01

주어진 도면을 인벤터 2D 스케치를 이용하여 완성한다.

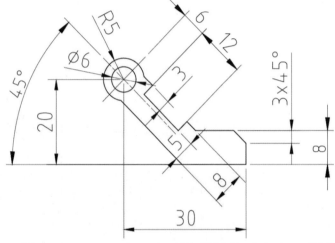

02

새 파일 작성에서 부품 템플릿(Standard.ipt)을 선택하여 단품스케치를 준비한다.

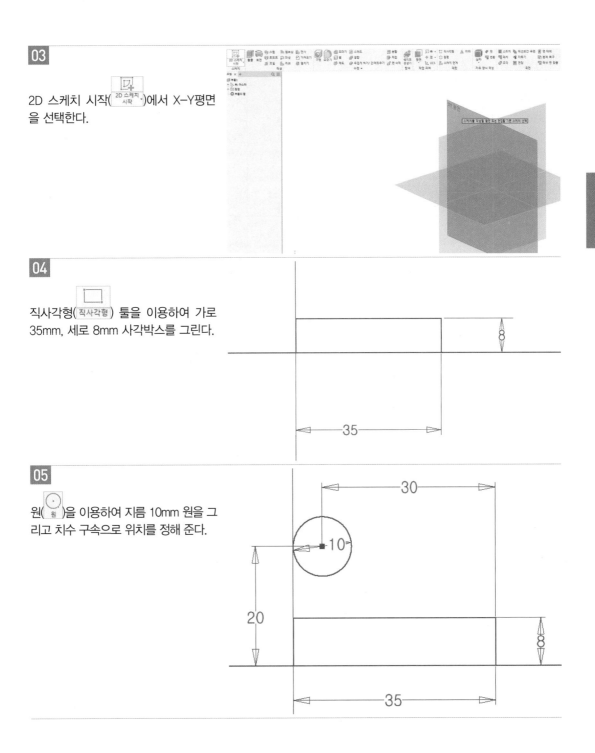

03

2D 스케치 시작( )에서 X-Y평면
을 선택한다.

04

직사각형(직사각형) 툴을 이용하여 가로
35mm, 세로 8mm 사각박스를 그린다.

8

35

05

원(원)을 이용하여 지름 10mm 원을 그
리고 치수 구속으로 위치를 정해 준다.

30

10

20

8

35

06

원의 중심에서 사선을 그리고 45°로
치수 구속한다.

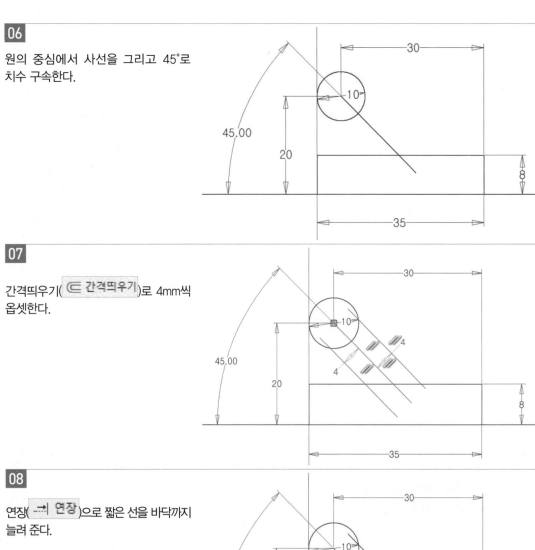

07

간격띄우기(⊑ 간격띄우기)로 4mm씩
옵셋한다.

08

연장(⊸ 연장)으로 짧은 선을 바닥까지
늘려 준다.

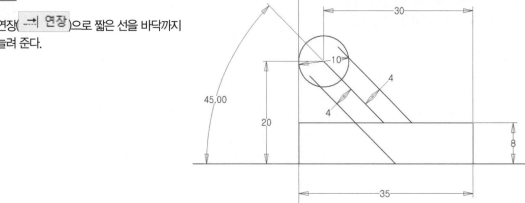

09

원의 중심에서 6mm 위치에 기울어진
선분에 수직으로 선 그리기를 한다.

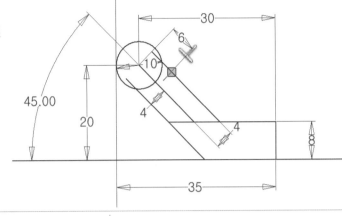

10

선 그리기로 형상을 그리고 치수로
구속한다.

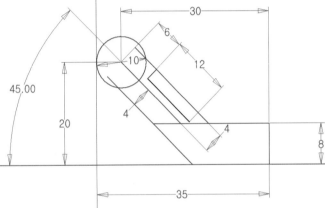

11

원 그리기로 지름 6mm 원을 그린다.

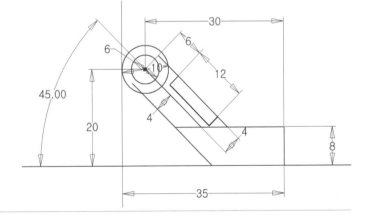

모따기(모따기) 툴을 이용하여 3mm
크기의 모따기를 오른쪽 모서리에 만
든다.

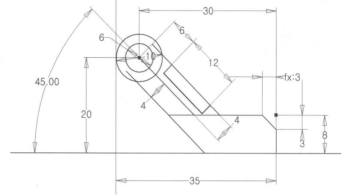

자르기(자르기)를 이용하여 불필요한
선을 정리한 후 완성한다.

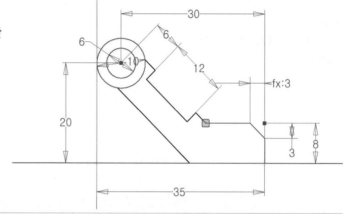

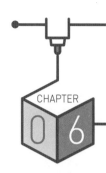

3D프린터운용기능사 자격증 대비과정

기초 스케치 6

CHAPTER

06

※ 공개도면 12 참고

01

주어진 도면을 인벤터 2D 스케치를
이용하여 완성한다.

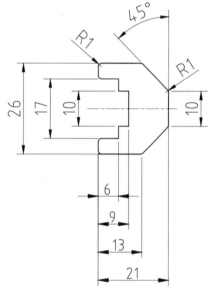

02

새 파일 작성에서 부품 템플릿(Standard.ipt)을
선택하여 단품스케치를 준비한다.

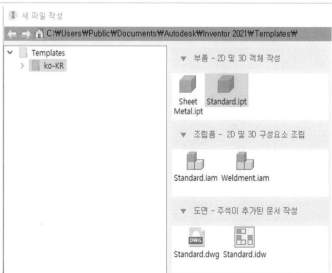

03

2D 스케치 시작(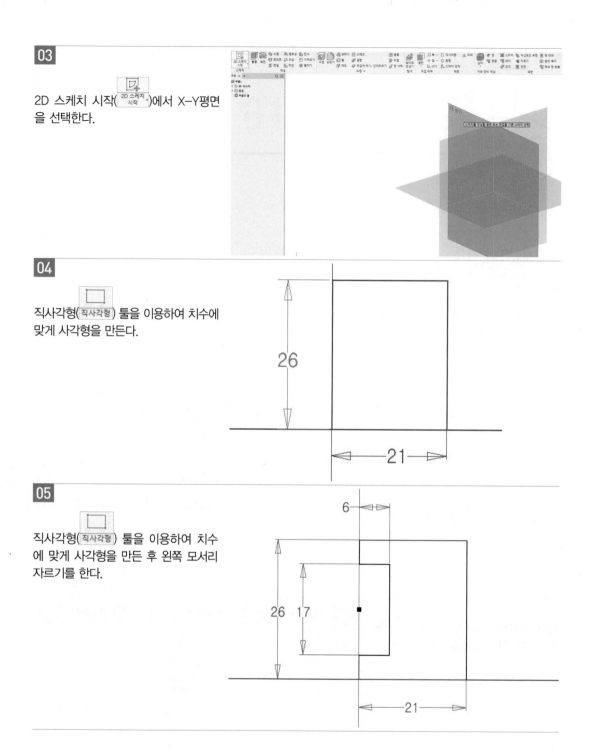)에서 X-Y평면을 선택한다.

04

직사각형(직사각형) 툴을 이용하여 치수에 맞게 사각형을 만든다.

26

21

05

직사각형(직사각형) 툴을 이용하여 치수에 맞게 사각형을 만든 후 왼쪽 모서리 자르기를 한다.

6

26 17

21

06

안쪽에 작은 사각형 부분을 직사각형
으로 그리고 치수 구속을 통하여 형상을
완성한다.

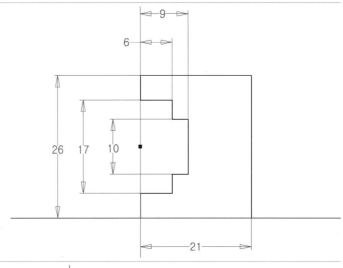

PART 02

기초 스케치

07

모따기(모따기) 크기를 8mm로 하여
양쪽 모서리를 모따기해 준다.

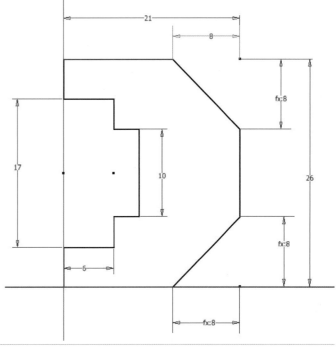

각 모서리에 모깎기( ) 라운드 크기를 1mm로 하여 스케치를 완성한다.

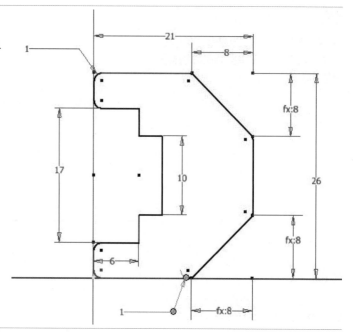

기초 스케치 7

CHAPTER
07

※ 공개도면 15 참고

01

주어진 도면을 인벤터 2D 스케치를
이용하여 완성한다.

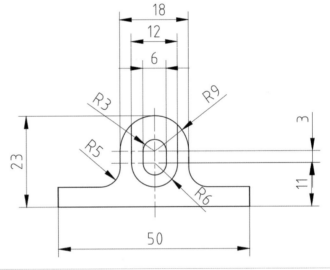

02

새 파일 작성에서 부품 템플릿(Standard.ipt)을
선택하여 단품스케치를 준비한다.

03

2D 스케치 시작(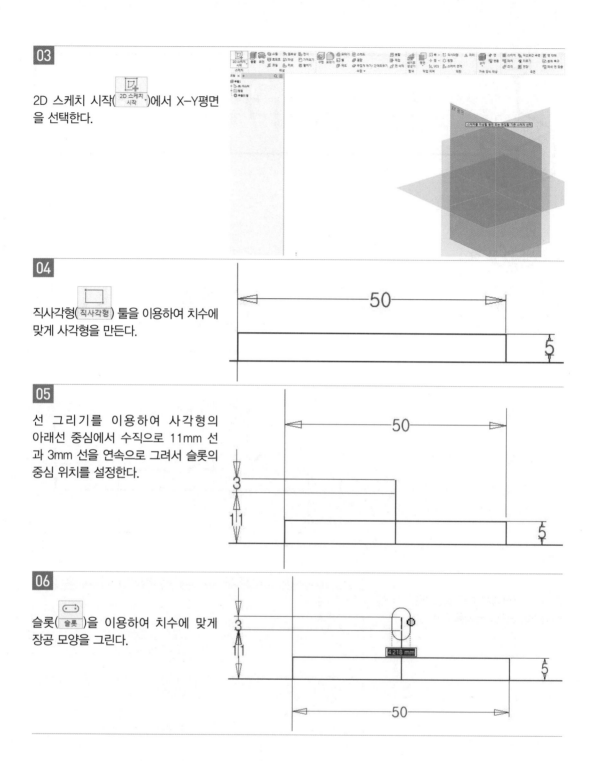)에서 X-Y평면을 선택한다.

04

직사각형(직사각형) 툴을 이용하여 치수에 맞게 사각형을 만든다.

05

선 그리기를 이용하여 사각형의 아래선 중심에서 수직으로 11mm 선과 3mm 선을 연속으로 그려서 슬롯의 중심 위치를 설정한다.

06

슬롯(슬롯)을 이용하여 치수에 맞게 장공 모양을 그린다.

07

나머지 장공은 간격띄우기(⊆ 간격띄우기)를
이용하여 간격을 3mm씩 띄워 준다.

08

선 그리기를 이용하여 큰 장공의 양쪽에
선을 수직으로 그려 준다.

09

선 그리기를 이용하여 중간 크기의
장공에 선을 그려 준다.

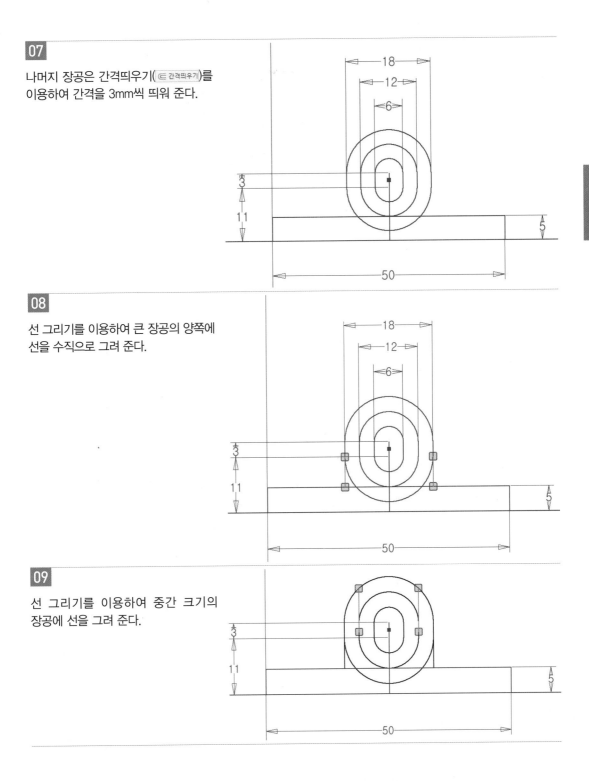

10

모깎기(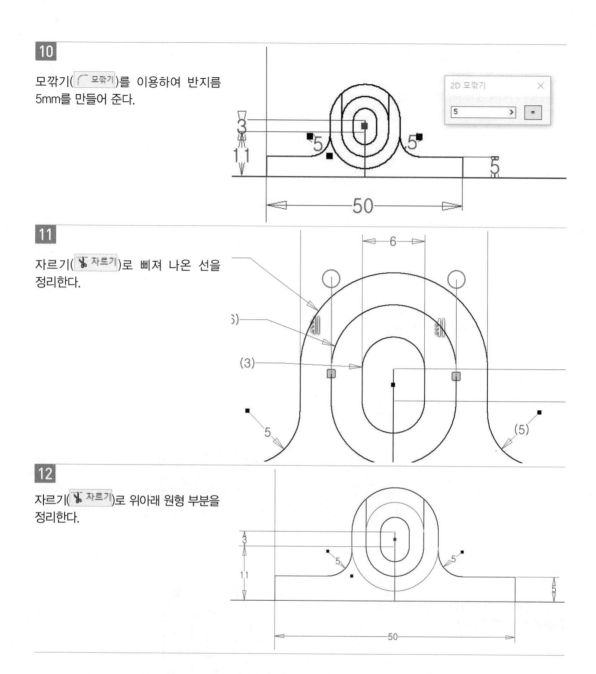 모깎기)를 이용하여 반지름 5mm를 만들어 준다.

11

자르기(자르기)로 삐져 나온 선을 정리한다.

12

자르기(자르기)로 위아래 원형 부분을 정리한다.

13

스케치 완성

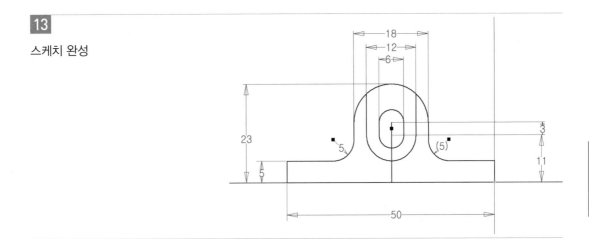

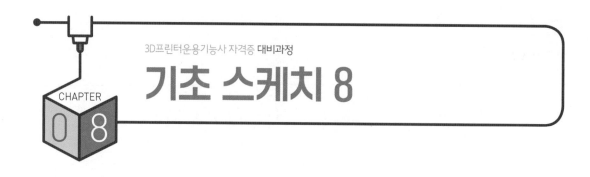
※ **공개도면 17 참고**

01

주어진 도면을 인벤터 2D 스케치를
이용하여 완성한다.

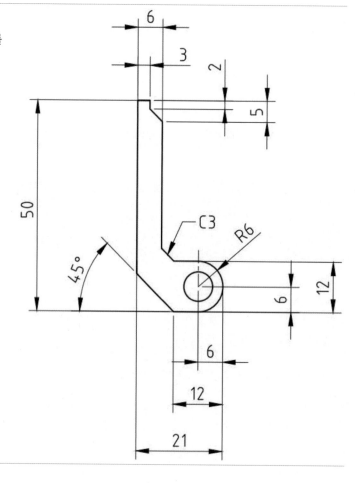

02

새 파일 작성에서 부품 템플릿(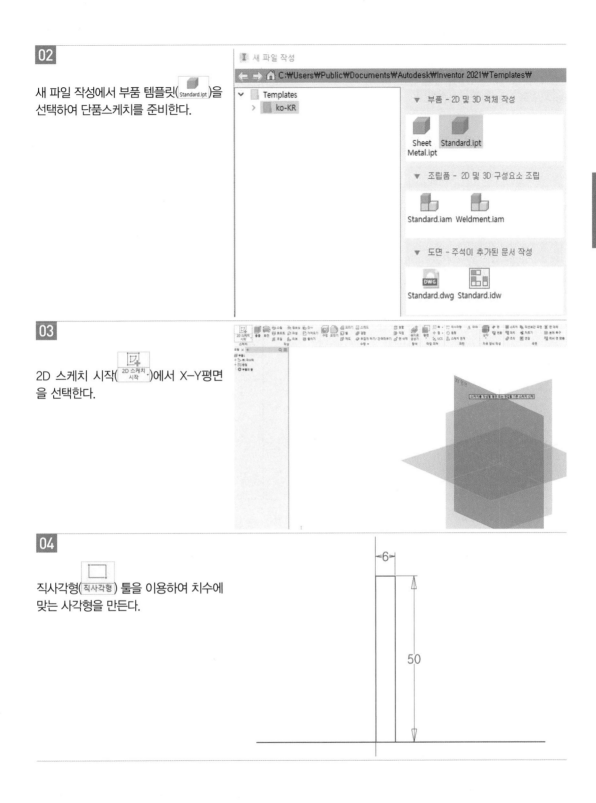Standard.ipt)을
선택하여 단품스케치를 준비한다.

03

2D 스케치 시작( )에서 X–Y평면
을 선택한다.

04

직사각형(직사각형) 툴을 이용하여 치수에
맞는 사각형을 만든다.

05

선 그리기로 대략적인 모양을 만든 다음 치수로 형상을 구속시킨다.

06

직사각형(직사각형) 툴을 이용하여 아래쪽에 사각형 모양을 만든다.

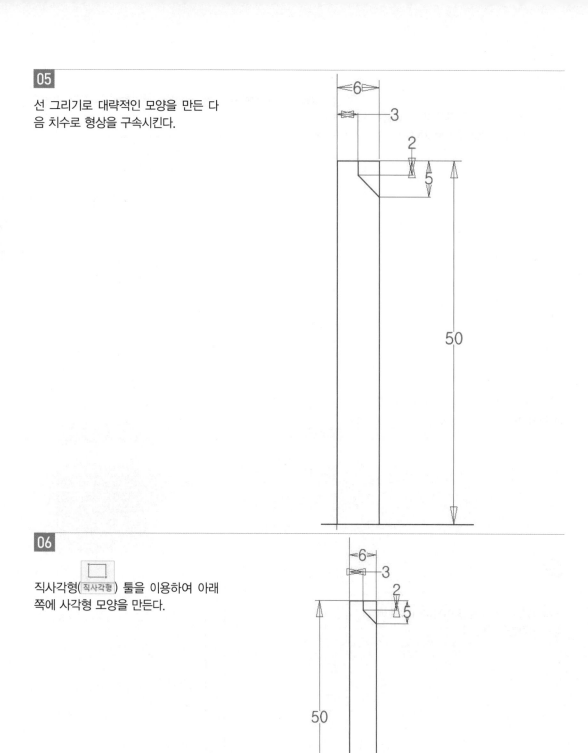

07

자르기(🐾 자르기)로 위쪽 모양을 잘라
주고 모깎기(⌒ 모깎기)로 아래 사각형
모서리에 6mm 모깎기를 만들어 준다.

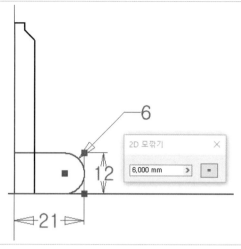

08

모따기(⌒ 모따기)를 안쪽 모서리에
3mm로 만들어 준다.

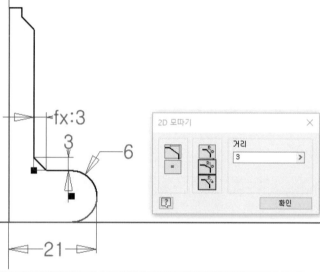

09

모깎기(⌒ 모깎기) 툴을 이용하여 아래
쪽 모서리에 9mm 모깎기를 해 준다.

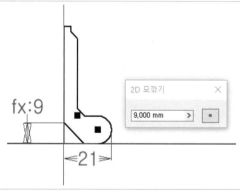

10

원( ) 툴을 이용하여 지름 7mm 원을
반원의 중심에 그린다.

11

스케치 완성

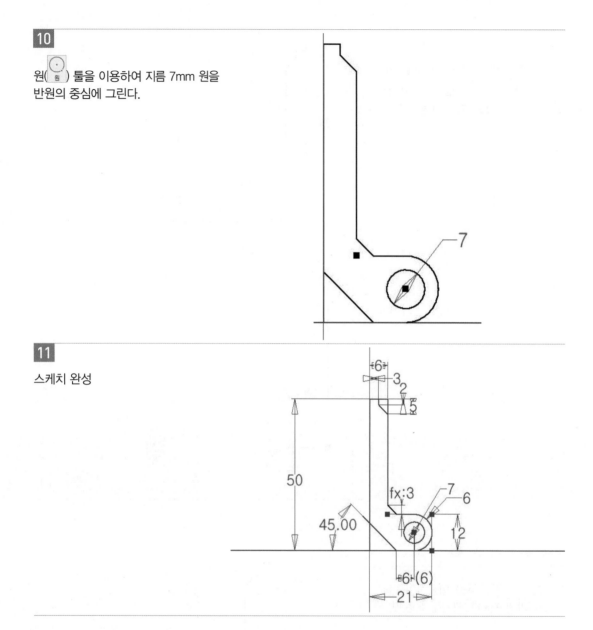

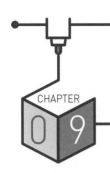

3D프린터운용기능사 자격증 대비과정

기초 스케치 9

CHAPTER
09

※ **공개도면 14 참고**

01

주어진 도면을 인벤터 2D 스케치를
이용하여 완성한다.

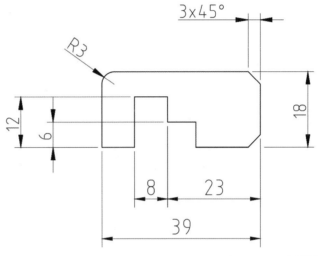

02

새 파일 작성에서 부품 템플릿(Standard.ipt)을
선택하여 단품스케치를 준비한다.

03

2D 스케치 시작(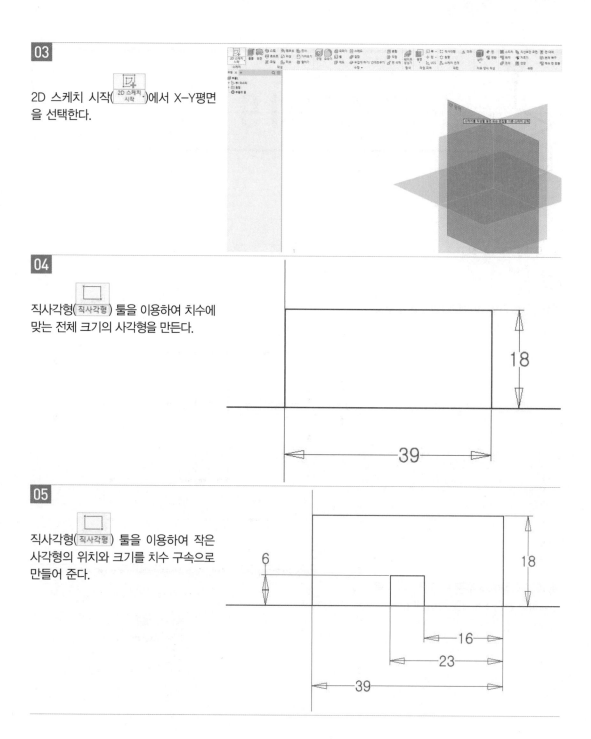)에서 X–Y평면을 선택한다.

04

직사각형(⬜ 직사각형) 툴을 이용하여 치수에 맞는 전체 크기의 사각형을 만든다.

18

39

05

직사각형(⬜ 직사각형) 툴을 이용하여 작은 사각형의 위치와 크기를 치수 구속으로 만들어 준다.

6

18

16

23

39

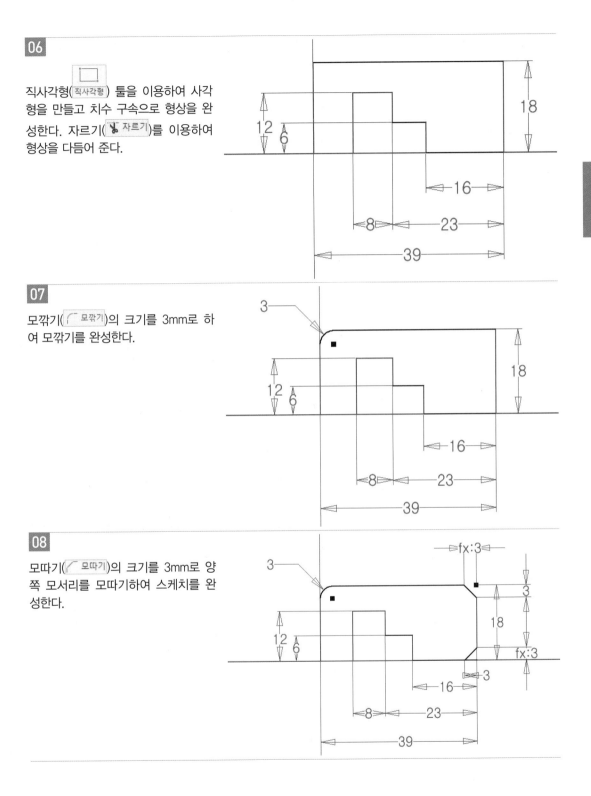

06

직사각형(직사각형) 툴을 이용하여 사각형을 만들고 치수 구속으로 형상을 완성한다. 자르기(자르기)를 이용하여 형상을 다듬어 준다.

07

모깎기(모깎기)의 크기를 3mm로 하여 모깎기를 완성한다.

08

모따기(모따기)의 크기를 3mm로 양쪽 모서리를 모따기하여 스케치를 완성한다.

3D프린터운용기능사 자격증 대비과정

기초 스케치 10

※ 공개도면 18 참고

01

주어진 도면을 인벤터 2D 스케치를
이용하여 완성한다.

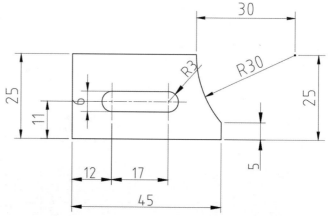

02

새 파일 작성에서 부품 템플릿(Standard.ipt)을
선택하여 단품스케치를 준비한다.

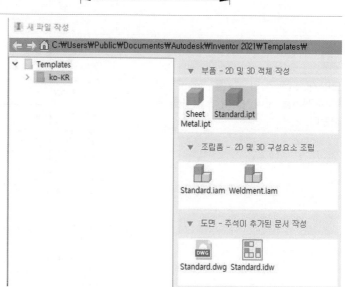

03

2D 스케치 시작()에서 X–Y평면을 선택한다.

04

원( ) 그리기를 이용하여 지름 60mm인 원을 그리고 y축 방향으로 25mm 치수 구속한다.

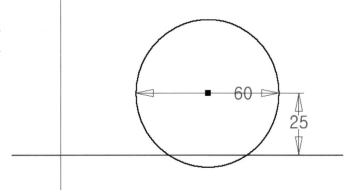

05

선 그리기로 임의의 선을 그리고 y축 방향으로 5mm 치수 구속을 한다.

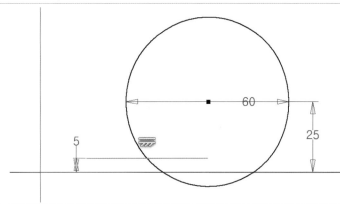

06

원과 선의 교점에서 수직으로 5mm 선을
그리고 수평으로 45mm 선을 그린다.

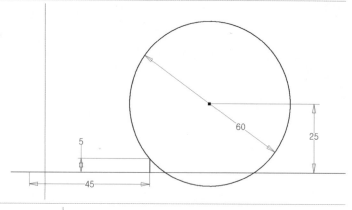

07

선 그리기로 나머지 사각형의 형상을
완성한다.

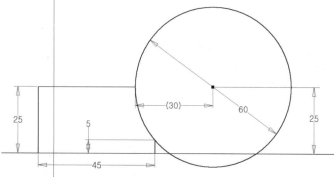

08

자르기(✂ 자르기)를 이용하여 원호의
모양을 완성한다.

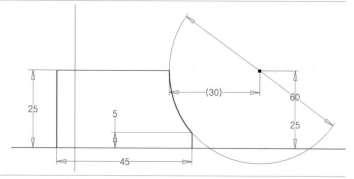

09

슬롯(⬭ 슬롯)으로 장공모양을 만들고
치수 구속을 통하여 위치와 크기를
정하여 스케치를 완성한다.

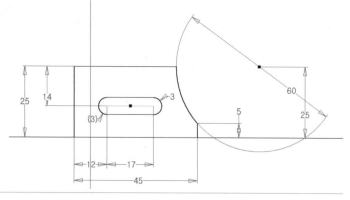

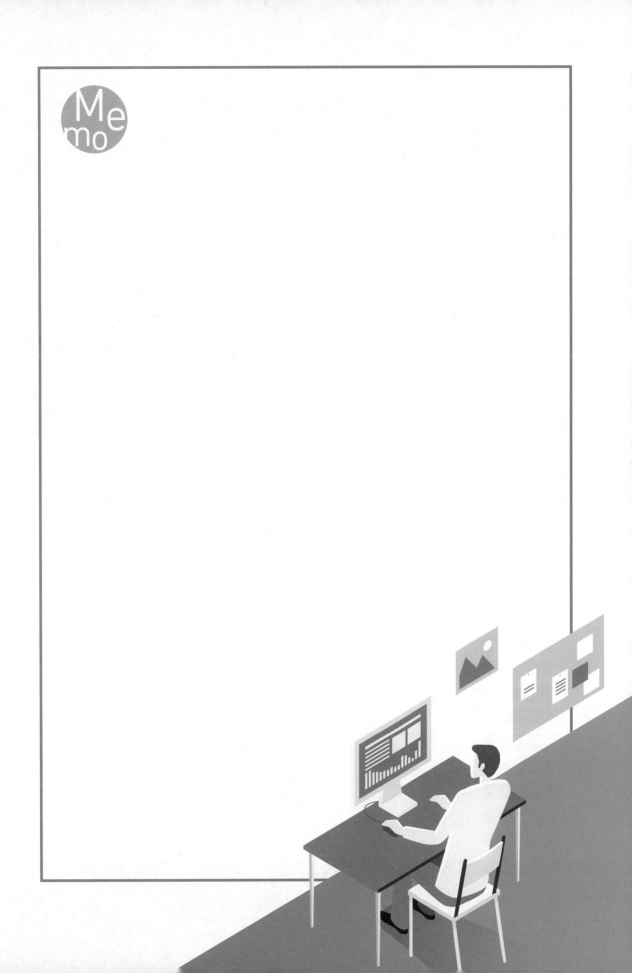

3D프린터운용기능사 자격증 대비과정
3D프린터운용기능사 실기

3D프린터운용기능사
공개도면

※ 공개도면에는 치수가 삭제되었지만 효율적인 학습을 위해 치수를 기입하였습니다.

※ 공개도면 1~18형은 인벤터 2021을, 19~21형은 인벤터 2022를, 22~24형은 인벤터 2024를 사용하였습니다.

※ 비번호가 02인 경우를 예로 들어 설명함

1 폴더 만들기

시험장에서 주어지는 비번호(등번호)로 바탕화면에 폴더를 만든다.

2 단품 모델링

주어진 과제의 부품 ①과 ②를 각각 모델링하고 해당 프로그램의 부품 파일로 저장한다. 인벤터의 경우 부품 ①은 1.ipt, 부품 ②는 2.ipt로 바탕화면 폴더 안에 저장한다.

3 어셈블리(조립품)_최종 제출파일

조립품을 만들기 위해 2개의 부품을 불러들여와 조건에 맞게 조립한 후 저장한다. 이때 어셈블리 작업 파일은 최종 제출 파일이 되므로 파일명을 비번호로 정확히 해야 한다.

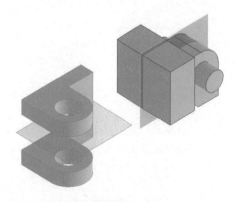

\<부품을 불러와 배치\>

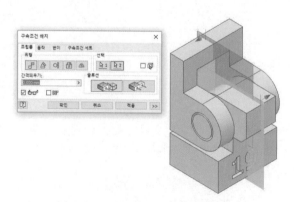

\<두 개의 부품을 조립 구속\>

(1) 작업한 프로그램 파일로 저장

저장 파일 : 02.iam

(2) 채점용 STEP 파일로 저장 (반드시 비번호 각인 확인, 없으면 실격)

저장 파일 : 02.stp

(3) 슬라이서 소프트웨어 작업용 파일 저장(반드시 옵션 확인)

저장 파일 : 02.stl

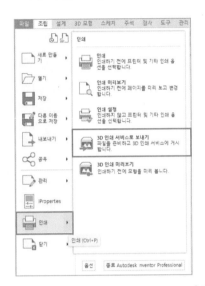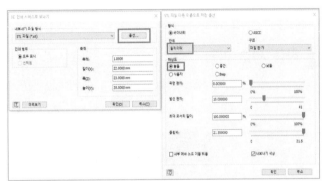

<슬라이서 작업용 파일을 저장하는 과정>

이름	유형	크기
1.ipt	Autodesk Invento...	117KB
2.ipt	Autodesk Invento...	199KB
02.stl	알씨 STL 파일	171KB
02.stp	알씨 STP 파일	121KB

4 슬라이싱 파일

3D프린터 출력용 슬라이서 소프트웨어에 해당하는 파일을 저장한다.

저장 파일 : 02.makerbot

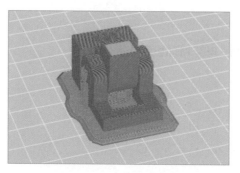

<메이커봇 프린터를 활용한 슬라이싱>

5 최종 제출 파일

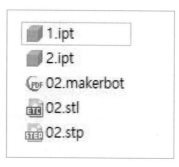

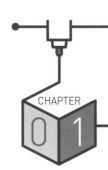

3D프린터운용기능사 자격증 대비과정

3D프린터운용기능사 공개도면 01

자격종목	3D프린터운용기능사	[시험 1] 과제명	3D모델링작업	척도	NS

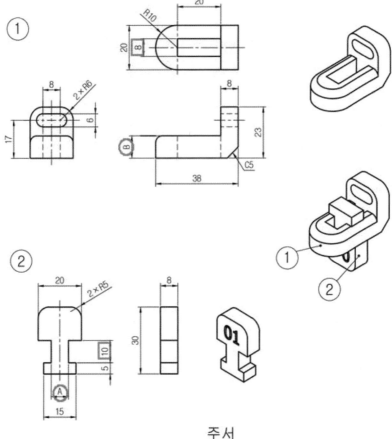

주서
1. 도시되고 지시없는 라운드는 R3

[조립 관련 치수 수정]
A=8이지만 조립을 위해 7로 수정
B=10이지만 조립을 위해 9로 수정하여 사이 간격이 0.5mm가 되게 한다.

(1) 부품 ① 모델링하기

01

부품 ①을 모델링하기 위해 부품 템플릿(Standard.ipt)을 클릭하여 새 파일 작성을 시작한다.

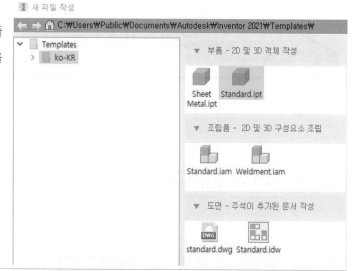

02

스케치 작업을 위해 2D 스케치 시작(2D 스케치 시작)을 클릭하고 X-Y좌표 평면을 스케치할 평면으로 선택한다.

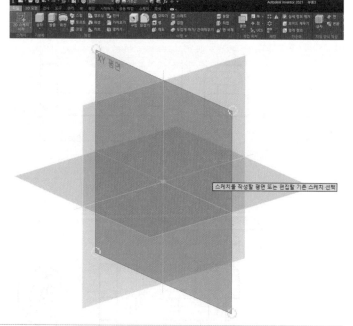

03

부품 ①의 스케치 형상을 치수에 맞게 스케치한다. 치수(치수) 구속조건을 활용하여 정확한 치수를 기입하며 특히 조립치수 9mm에 유의해야 한다.

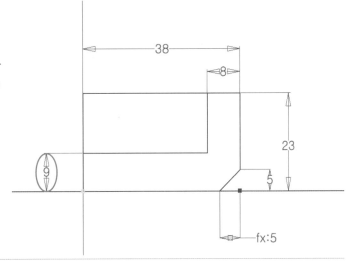

04

돌출(돌출) 툴을 활용하여 돌출 거리를 20mm로 설정한다.

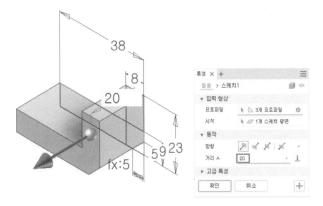

05

모깎기(모깎기) 툴을 이용하여 반지름 값을 10으로 설정해 모깎기를 완성한다.

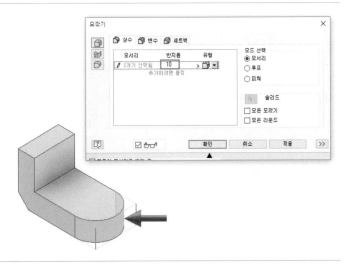

모깎기(모깎기) 툴을 이용하여 반지름 값
을 5로 설정해 모깎기를 완성한다.

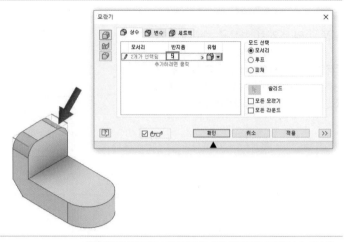

07

모깎기(모깎기) 툴을 이용하여 반지름 값
을 3으로 설정해 모깎기를 완성한다.

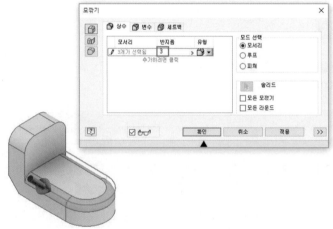

08

2D 스케치(2D 스케치 시작)할 면을 선택하고 절

단 모서리 투영(절단 모서리 투영)을 클릭하여 모
서리 선을 활성화시킨다.

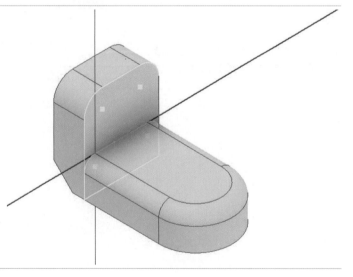

09

직사각형(직사각형) 그리기의 슬롯(슬롯) 툴을 이용하여 치수에 맞게 위치와 크기를 정해 준다.

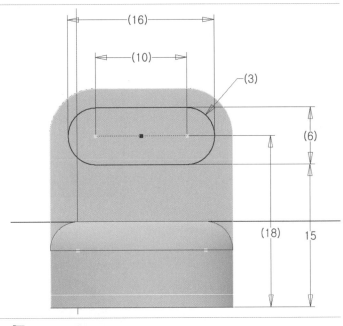

10

돌출(돌출) 툴을 활용하여 장공 모양을 선택하고 차집합(차집합)으로 전체를 관통하거나 거리 값을 8mm 이상으로 넣는다.

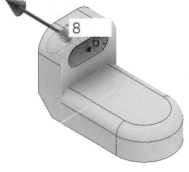

11

윗면 사각홈을 만들기 위해 부품의 위쪽을 2D 스케치(2D 스케치 시작)로 선택하고 절단 모서리 투영(절단 모서리 투영)을 선택하여 선을 활성화한다.

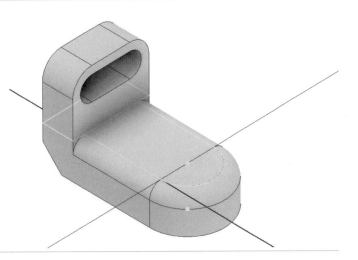

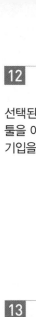

12

선택된 스케치 면에 직사각형(직사각형) 툴을 이용하여 직사각형을 만들고 치수 기입을 한다.

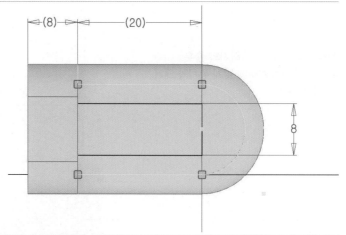

13

돌출(돌출) 툴을 이용하여 사각형의 모 양대로 차집합(🔲)으로 전체관통을 시 킨다.

14

부품 ① 완성

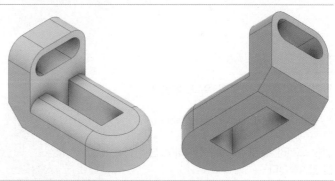

15

완성된 부품 ①을 [다른 이름으로 저 장]에서 파일의 확장자를 Autodesk Inventor 부품으로 선택하여 파일명.ipt 로 저장한다.

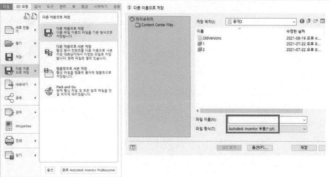

16

[다른 이름으로 저장]–[다른 이름으로
사본 저장]에서 파일의 확장자를 STEP
파일로 선택하여 파일명.stp로 저장한다.

(2) 부품 ② 모델링하기

01

부품 ②를 모델링하기 위해 부품 템플릿(Standard.ipt)을 클릭하여 새 파일 작성을 시작한다.

02

스케치 작업을 위해 2D 스케치 시작(2D 스케치 시작)을 클릭하고 X-Y좌표 평면을 스케치할 평면으로 선택한다.

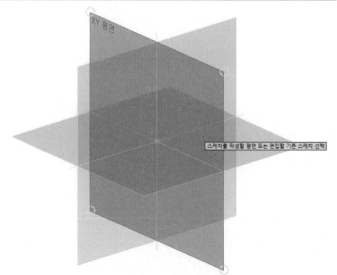

03

부품 ②의 스케치 형상을 치수에 맞
게 스케치한다. 치수(치수) 구속조건을
활용하여 정확한 치수를 기입하며 특
히 조립치수 7mm에 유의해야 한다.

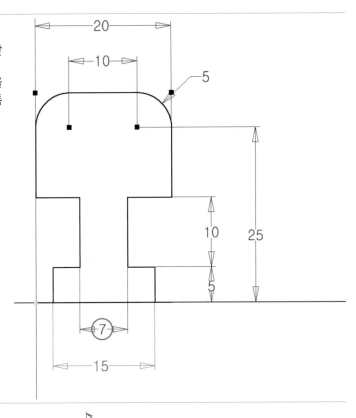

04

돌출(돌출) 툴을 활용하여 돌출 거리를
8mm로 설정한다.

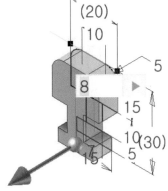

05

2D 스케치(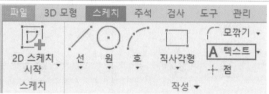)할 면을 선택하고 절

단 모서리 투영(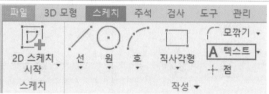)을 클릭하여 모
서리 선을 활성화시킨다.

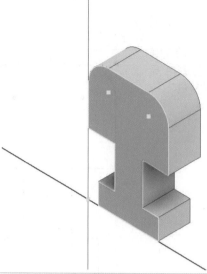

06

비번호 각인을 위해 텍스트(A 텍스트)
툴을 선택하여 적당한 글씨 크기로
번호를 기입한다.

※ 실기 시험장에서는 본인의 비번호로 각인
한다.

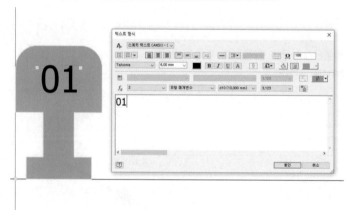

07

돌출(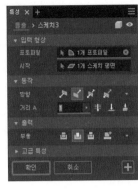돌출) 툴을 활용하여 차집합으로 돌출 거리를 1mm로 설정해 문자를 음각으로 만들어준다.

08

부품 ② 완성

09

완성된 부품 ②를 [다른 이름으로 저장]에서 파일의 확장자를 Autodesk Invento 부품으로 선택하여 파일명.ipt로 저장한다.

10

[다른 이름으로 저장]–[다른 이름으로 사본 저장]에서 파일의 확장자를 STEP 파일로 선택하여 파일명.stp로 저장한다.

(3) 부품 ①, ② 조립하기

01

조립품 작성을 위해 조립 템플릿 ()을 선택한다.

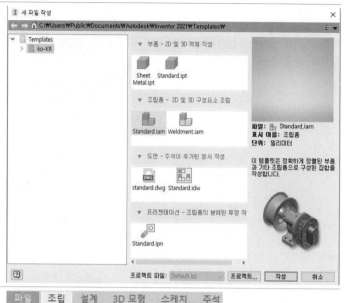

02

조립을 위해 작성(작성) 툴을 클릭하여 구성요소 배치 대화창을 활성화한다. 이때 부품 ①, ②를 선택하여 연다.

03

부품 ①, ②를 불러와 조립창에 배치한 상태

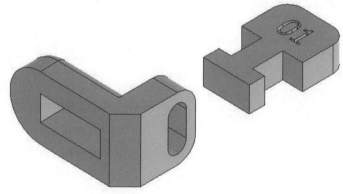

04

부품 ②를 클릭하여 마우스 오른쪽 버튼을 눌러 열기를 선택한다(최초 부품을 저장할 때 중간평면을 설정하고 저장하면 이번 작업을 할 필요는 없다).

05

부품의 중간에 평면을 잡기 위해 두 평면 사이의 중간평면()을 선택한다.

06

부품의 양쪽 면을 클릭한다.

부품의 중간에 평면이 설정된 상태

부품 ①도 클릭하여 마우스 오른쪽 버튼을 눌러 열기를 선택한다.

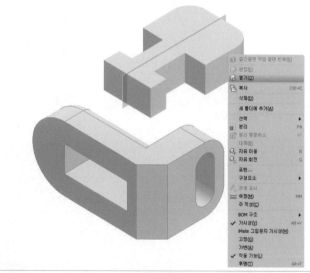

부품의 중간에 평면을 잡기 위해 두 평면 사이의 중간평면(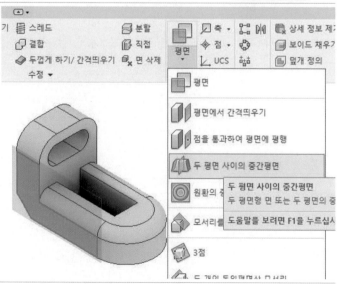)을 선택한다.

10

부품의 양쪽 면을 클릭한다.

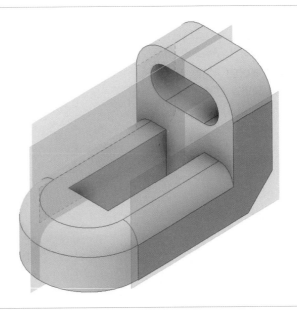

11

부품의 중간에 평면이 설정된 상태

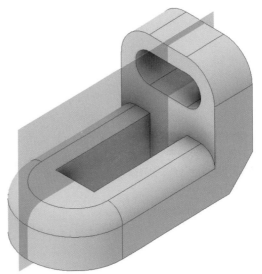

12

조립창에 오면 두 개의 부품에 중간평
면이 설정되어 있는 것을 볼 수 있다.

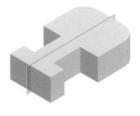 

13

구속(구속)을 클릭하여 구속조건 배치
대화창을 열고 메이트(메이트)를 선택한
후 두 개의 중심평면을 선택한다.

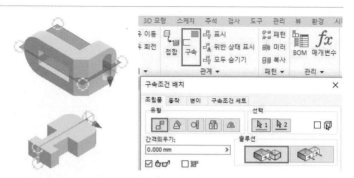

14

두 개의 중심 평면이 같은 축선으로
일치되어 구속된 상태

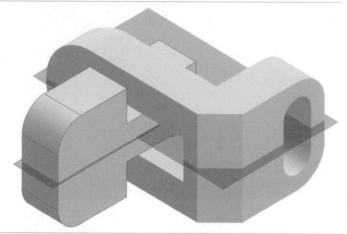

15

구속(구속)을 클릭하여 구속조건 배치
대화창을 열고 조립부위의 면과 면을
메이트한다. 이때 접합되는 면의 간격을
0.5mm로 설정한다.

16

면과 면이 메이트가 된 상태

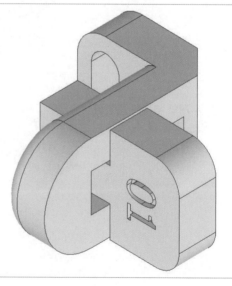

17

공차 부위가 0.5mm씩 간격띄우기 되어 있는지를 확인한다.

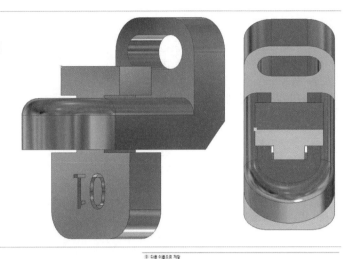

18

[다른 이름으로 저장]에서 파일의 확장자를 Autodesk Inventor 조립품으로 선택하여 파일명.iam으로 저장한다. 그리고 [다른 이름으로 사본 저장]에서 파일의 확장자를 STEP 파일로 선택하여 파일명.stp로 저장한다.

19

[파일]−[인쇄(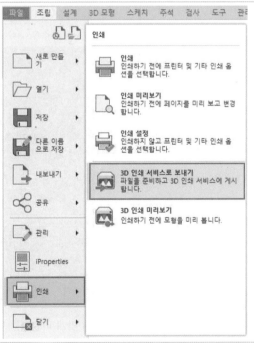 인쇄)]−[3D 인쇄 서비스로 보내기]를 선택한다.

20

[3D 인쇄 서비스로 보내기]에서 [옵션]을 선택한 후 단위를 '밀리미터'로, 해상도를 '높음'으로 설정하고 파일의 확장자를 STL 파일로 선택하여 파일명.stl로 저장한다.

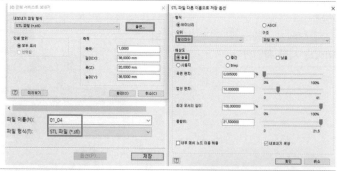

21

공개도면과 출력물 비교

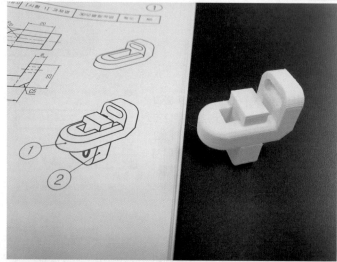

22

3D프린터 출력물

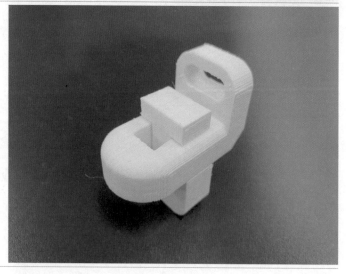

※ 최종 파일 제출 시 최종 제출파일 목록에 맞게 파일명을 변경해서 제출할 것

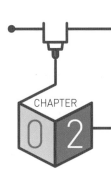

3D프린터운용기능사 공개도면 02

CHAPTER
02

자격종목	3D프린터운용기능사	[시험 1] 과제명	3D모델링작업	척도	NS

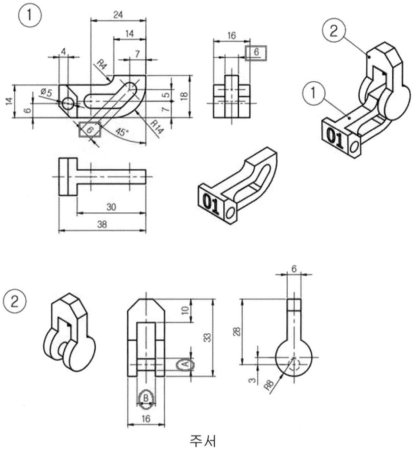

주서
1. 도시되고 지시없는 모떼기는 C5, 라운드는 R3

[조립 관련 치수 수정]
A=6이지만 조립을 위해 5로 수정
B=6이지만 조립을 위해 7로 수정하여 사이 간격이 0.5mm가 되게 한다.

(1) 부품 ① 모델링하기

01

부품 ①을 모델링하기 위해 부품 템플릿(Standard.ipt)을 클릭하여 새 파일 작성을 시작한다.

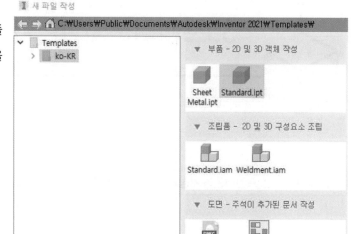

02

스케치 작업을 위해 2D 스케치 시작(2D 스케치 시작)을 클릭하고 X–Y좌표 평면을 스케치할 평면으로 선택한다.

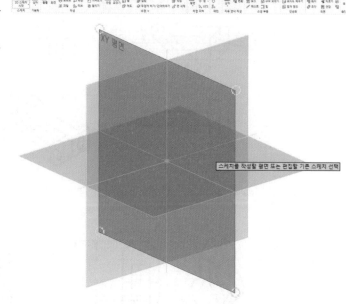

03

부품 ①의 스케치 형상을 치수에 맞게 스케치한다. 치수(치수) 구속조건을 활용하여 정확한 치수를 기입한다.

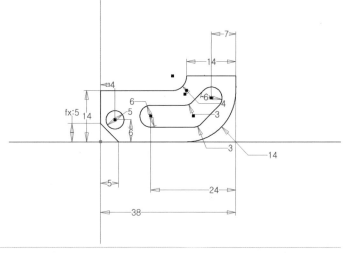

04

돌출(돌출) 툴을 활용하여 돌출 거리를 16mm로 설정한다.

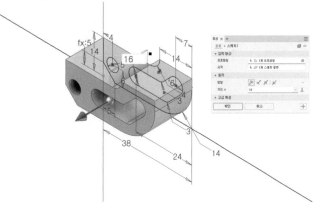

05

2D 스케치(2D 스케치 시작)할 면을 선택하고 절단 모서리 투영(절단 모서리 투영)을 클릭하여 모서리 선을 활성화시킨다.

06

선정된 스케치 면 위에 직사각형(직사각형) 툴을 이용하여 사각박스를 두 개 만들고 형상에 맞는 치수를 기입한다.

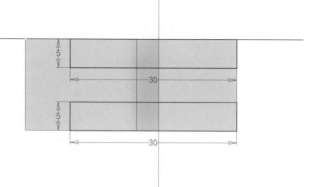

07

돌출(돌출) 툴을 활용하여 사각박스 두 개를 선택하고 차집합( )으로 전체를 관통하거나 거리 값을 18mm 이상으로 넣는다.

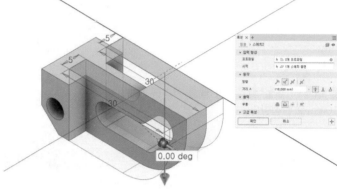

08

부품 ①의 돌출 완성

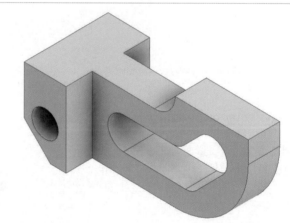

09

모따기(모따기) 툴을 이용하여 거리 5mm를 기입하고 모따기를 완성한다.

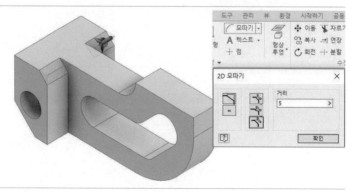

10

모따기를 완성한 형상

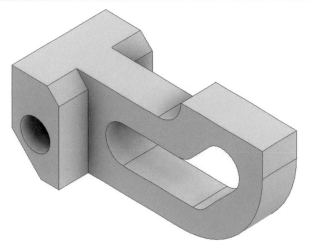

11

비번호를 각인할 면을 선택하기 위해 2D 스케치(_{2D 스케치 시작})할 면을 선택하고 절단 모서리 투영(_{절단 모서리 투영})을 클릭하여 모서리 선을 활성화시킨다.

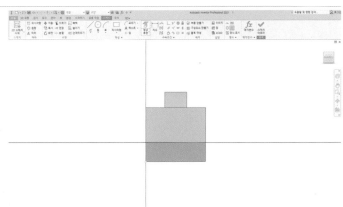

12

비번호 각인을 위해 텍스트(A 텍스트) 툴을 선택하여 적당한 글씨 크기로 번호를 기입한다.

※ 실기 시험장에서는 본인의 비번호로 각인한다.

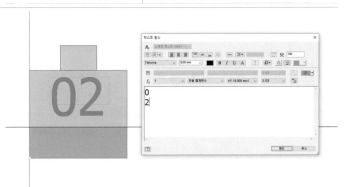

13

돌출() 툴을 활용하여 차집합으로
돌출 거리를 1mm로 설정해 문자를 음
각으로 만들어 준다.

14

비번호 각인을 한 상태

15

완성된 부품 ①을 [다른 이름으로 저
장]에서 파일의 확장자를 Autodesk
Inventor 부품으로 선택하여 파일명.ipt
로 저장한다.

완성된 부품 ①을 [다른 이름으로 저장]-[다른 이름으로 사본 저장]에서 파일의 확장자를 STEP 파일로 선택하여 파일명.stp로 저장한다.

(2) 부품 ② 모델링하기

01

부품 ②를 모델링하기 위해 부품 템플릿(Standard.ipt)을 클릭하여 새 파일 작성을 시작한다.

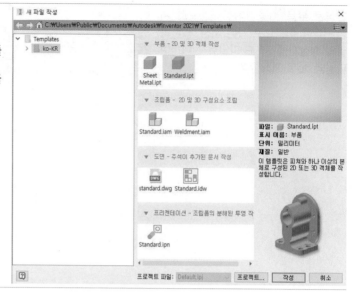

02

스케치 작업을 위해 2D 스케치 시작 (2D 스케치 시작)을 클릭하고 X-Y좌표 평면을 스케치할 평면으로 선택한다.

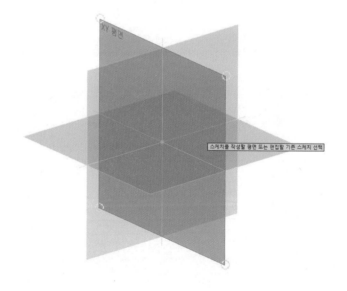

03

부품 ②의 스케치 형상을 치수에 맞게

측면형상을 스케치한다. 치수(치수) 구
속조건을 활용하여 정확하게 치수를

기입하고 돌출(돌출) 툴을 활용하여 돌
출 거리를 16mm로 설정한다.

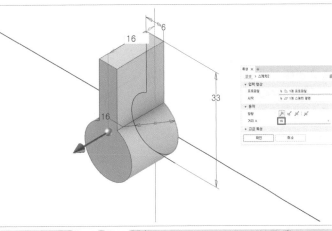

04

2D 스케치(2D 스케치 시작)할 측면을 선택하고

절단 모서리 투영(절단 모서리 투영)을 클릭하여
모서리 선을 활성화시킨다.

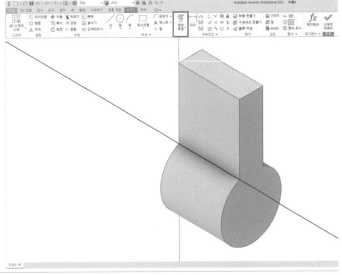

05

직사각형(직사각형) 툴을 이용하여 형상에
맞는 치수를 넣는다.

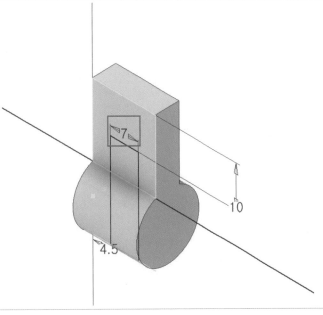

돌출(돌출) 툴을 활용하여 대칭( ), 돌
출 거리를 전체관통( )으로 설정하여
차집합으로 빼준다.

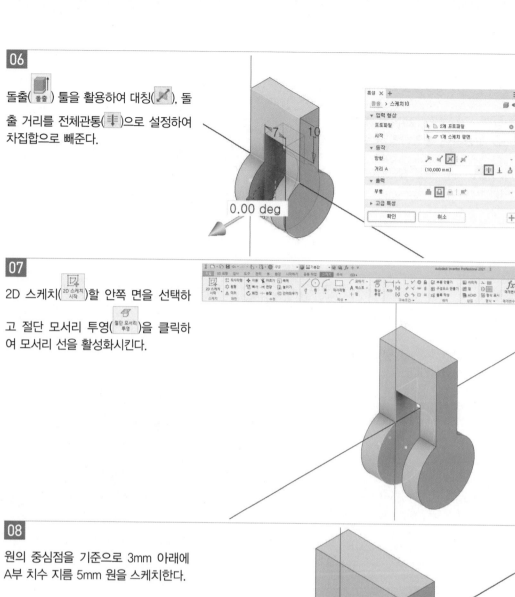

2D 스케치(2D 스케치 시작)할 안쪽 면을 선택하
고 절단 모서리 투영(절단 모서리 투영)을 클릭하
여 모서리 선을 활성화시킨다.

원의 중심점을 기준으로 3mm 아래에
A부 치수 지름 5mm 원을 스케치한다.

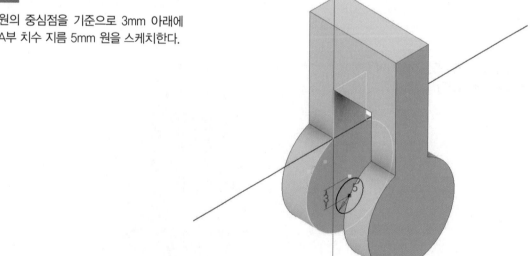

09

돌출(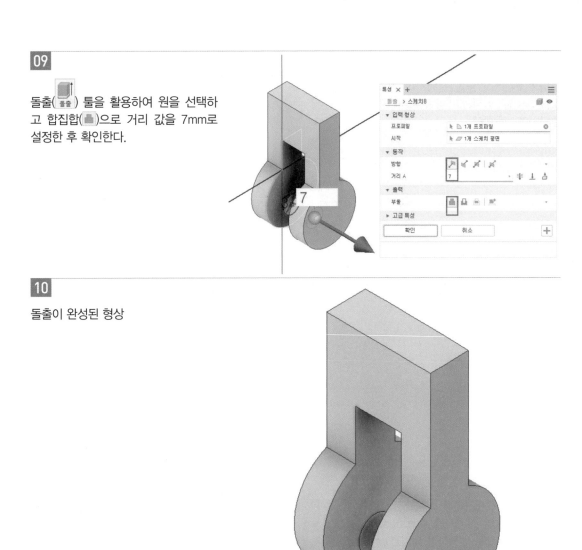 툴을 활용하여 원을 선택하고 합집합( )으로 거리 값을 7mm로 설정한 후 확인한다.

10

돌출이 완성된 형상

11

모따기(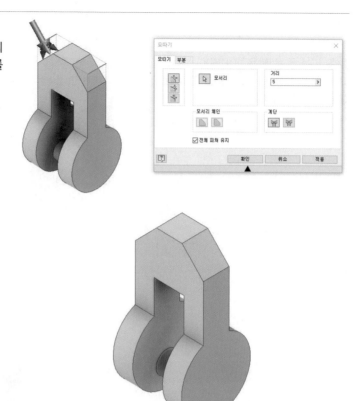 모따기) 툴을 선택하여 거리
값을 5mm로 설정하고 양쪽 모서리를
클릭하여 적용한다.

12

완성된 부품 ②를 [다른 이름으로 저
장]에서 파일의 확장자를 Autodesk
Inventor 부품으로 선택하여 파일명.ipt
로 저장한다.

13

[다른 이름으로 저장]-[다른 이름으로
사본 저장]에서 파일의 확장자를 STEP
파일로 선택하여 파일명.stp로 저장한다.

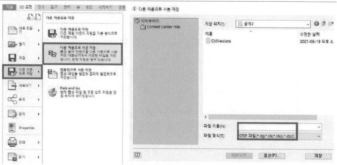

(3) 부품 ①, ② 조립하기

01

조립품 작성을 위해 조립 템플릿
(Standard.iam)을 선택한다.

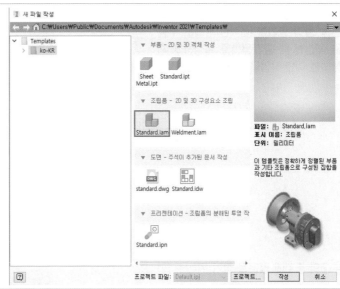

02

조립을 위해 작성(작성) 툴을 클릭하여
구성요소 배치 대화창을 활성화한다.
이때 부품 ①, ②를 선택하여 연다.

03

부품 ①, ②를 불러와 조립창에 배치한
상태

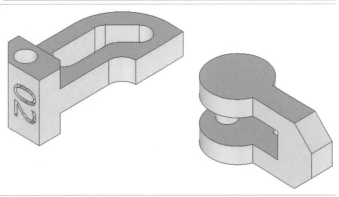

04

부품 ①을 클릭하여 마우스 오른쪽 버
튼을 눌러 열기를 선택한다(최초 부품
을 저장할 때 중간평면을 설정하고 저
장하면 이번 작업을 할 필요는 없다).

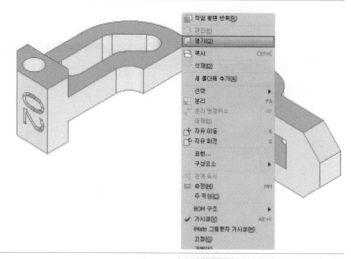

05

부품의 중간에 평면을 잡기 위해 두 평
면 사이의 중간평면(▨)을 선택한다.

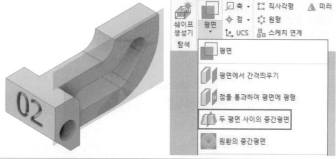

06

부품의 양쪽 면을 클릭한다.

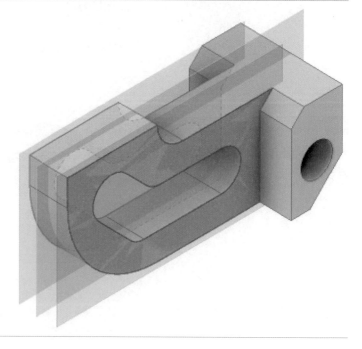

07

부품의 중간에 평면이 설정된 상태

08

부품 ②도 클릭하여 마우스 오른쪽 버튼을 눌러 열기를 선택한다.

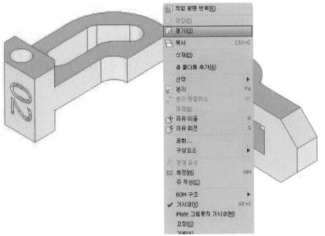

09

부품의 중간에 평면을 잡기 위해 두 평면 사이의 중간평면(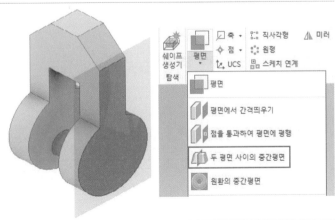)을 선택한다.

10

부품의 양쪽 면을 클릭한다.

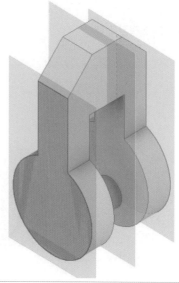

11

부품의 중간에 평면이 설정된 상태

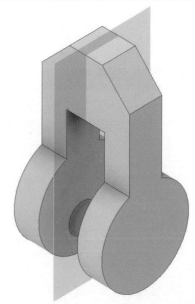

12

조립창에서 두 개의 부품에 중간평면
이 설정되어 있는 것을 볼 수 있다.

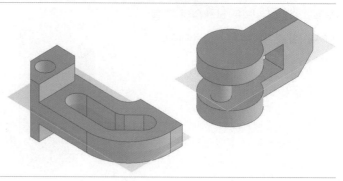

13

구속(구속)을 클릭하여 구속조건 배치
대화창을 열고 삽입( )을 선택한 후
두 개의 원통 면을 선택한다.

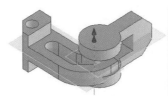

14

구속(구속)을 클릭하여 구속조건 배치
대화창을 열고 메이트( )를 선택한
후 두 개의 중심평면을 선택한다.

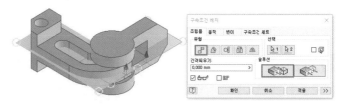

15

두 개의 중심 평면이 같은 축선으로
일치되어 구속된 상태

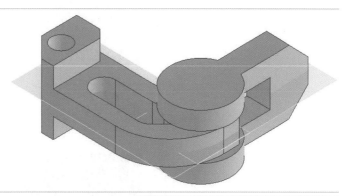

16

[다른 이름으로 저장]에서 파일의 확장
자를 Autodesk Inventor 조립품으로
선택하여 파일명.iam으로 저장한다. 그
리고 [다른 이름으로 사본 저장]에서
파일의 확장자를 STEP 파일로 선택하
여 파일명.stp로 저장한다.

17

[파일]–[인쇄(인쇄)]–[3D 인쇄 서비
스로 보내기]를 선택한다.

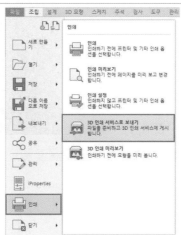

18

[3D 인쇄 서비스로 보내기]에서 [옵션]을 선택한 후 단위를 '밀리미터'로, 해상도를 '높음'으로 설정하고 파일의 확장자를 STL 파일로 선택하여 파일명.stl로 저장한다.

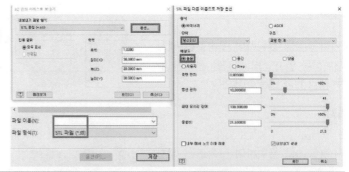

19

공개도면과 출력물 비교

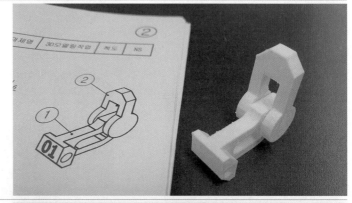

20

3D프린터 출력물

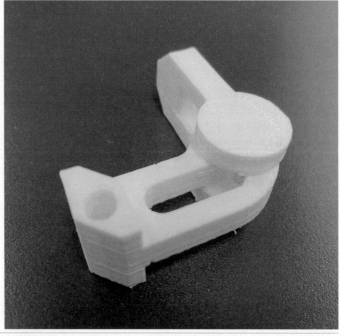

※ 최종 파일 제출 시 최종 제출파일 목록에 맞게 파일명을 변경해서 제출할 것

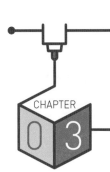

3D프린터운용기능사 공개도면 03

자격종목	3D프린터운용기능사	[시험 1] 과제명	3D모델링작업	척도	NS

① R33 23 5 43 (49) 26 Ø6 R6 19 8 16

② 16 B 6 A R5 R4 4 10 15 8 28

[조립 관련 치수 수정]
A=6이지만 조립을 위해 5로 수정
B=8이지만 조립을 위해 7로 수정하여 사이 간격이 0.5mm가 되게 한다.

(1) 부품 ① 모델링하기

01

부품 ①을 모델링하기 위해 부품 템플 릿()을 클릭하여 새 파일 작성을 시작한다.

02

스케치 작업을 위해 2D 스케치 시작 (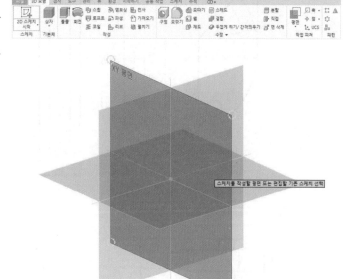)을 클릭하고 X-Y좌표 평면을 스 케치할 평면으로 선택한다.

03

부품 ①의 스케치를 도면의 치수에 맞
게 그린다.

※ 스케치 하는 방법은 여러 가지가 있기 때문
에 연습을 통하여 빠르고 쉬운 방법을 찾아
보는 것이 좋다.

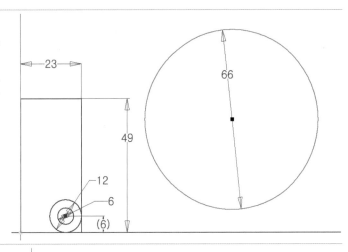

04

구속조건의 접선(⌀)을 이용하여 큰
원을 구속한다.

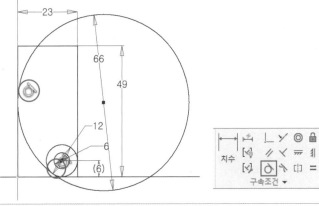

05

부품 ① 스케치를 완성한 모양

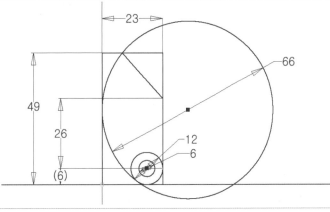

06

돌출(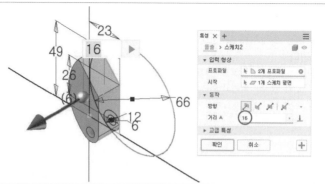) 툴을 활용하여 필요한한
프로파일을 선택한 후 돌출 거리를
16mm로 설정한다.

07

부품의 중간에 평면을 잡기 위해 두 평
면 사이의 중간평면(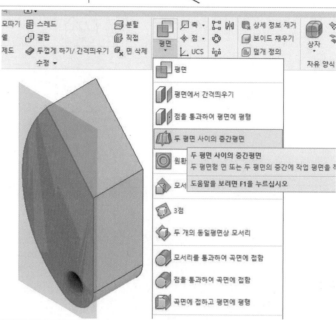)을 선택한다.

08

양쪽 면을 선택하여 중간평면을 생성
한다.

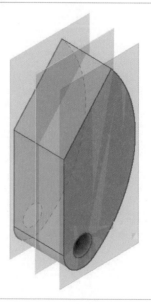

09

2D 스케치 시작(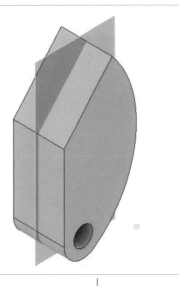)에서 중간평면을
스케치 면으로 선택한다.

10

스케치 면을 절단 모서리 투영(   )
하여 모서리 선을 활성화시킨다.

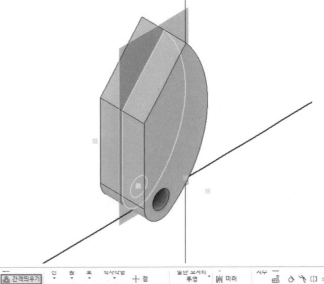

11

[F7]을 눌러 그래픽슬라이로 내
부 형상을 본다. 수정의 간격띄우기
(간격띄우기)를 선택하고 큰 원을
클릭한다.

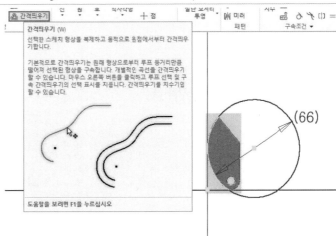

간격띄우기 (W)

선택한 스케치 형상을 복제하고 동적으로 원점에서부터 간격띄우
기합니다.

기본적으로 간격띄우기는 원래 형상으로부터 루프 등거리만큼
떨어져 선택된 형상을 구속합니다. 개별적인 곡선을 간격띄우기
할 수 있습니다. 마우스 오른쪽 버튼을 클릭하고 루프 선택 및 구
속 간격띄우기의 선택 표시를 지웁니다. 간격띄우기를 치수기입
할 수 있습니다.

도움말을 보려면 F1을 누르십시오

(66)

12

간격띄우기를 이용해 안쪽으로 5mm의 간격을 둔다. 원의 중심에 가로 선을 긋는다.

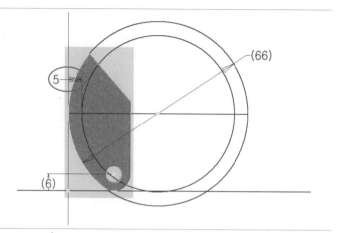

13

형상에 맞게 돌출(돌출)할 부위의 프로파일을 선택하여 양쪽( )으로 8mm를 차집합( )으로 빼준다.

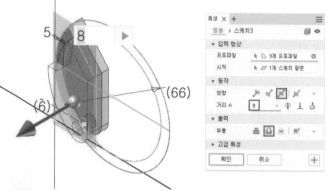

14

비번호 각인을 위해 텍스트(A 텍스트) 툴을 선택하여 적당한 글씨 크기로 번호를 기입한다.

※ 실기 시험장에서는 본인의 비번호로 각인한다.

15

돌출(돌출) 툴을 활용하여 차집합으로 돌출 거리를 1mm로 설정해 문자를 음각으로 만들어 준다.

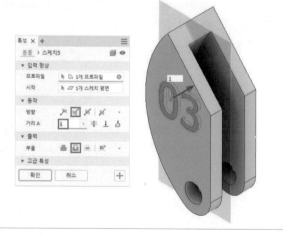

16

비번호 각인을 한 상태

17

완성된 부품 ①을 [다른 이름으로 저장]에서 파일의 확장자를 Autodesk Inventor 부품으로 선택하여 파일명.ipt로 저장한다.

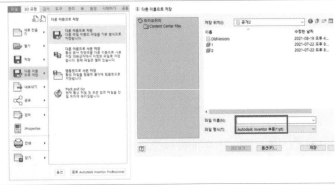

18

완성된 부품 ①을 [다른이름으로 저장]–[다른 이름으로 사본 저장]에서 파일의 확장자를 STEP 파일로 선택하여 파일명.stp로 저장한다.

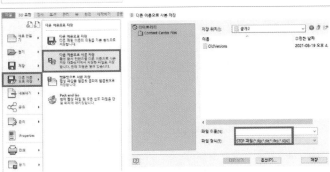

(2) 부품 ② 모델링하기

01

부품 ②를 모델링하기 위해 부품 템플 릿(Standard.ipt)을 클릭하여 새 파일 작성을 시작한다.

02

스케치 작업을 위해 2D 스케치 시작 (2D 스케치 시작)을 클릭하고 X–Y좌표 평면을 스 케치할 평면으로 선택한다.

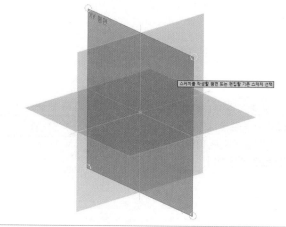

03

부품 ②의 스케치 형상을 치수에 맞게 정면형상을 스케치한다. 치수(치수) 구 속조건을 활용하여 정확한 치수를 기 입한다.

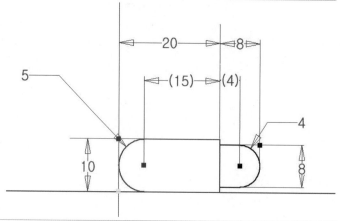

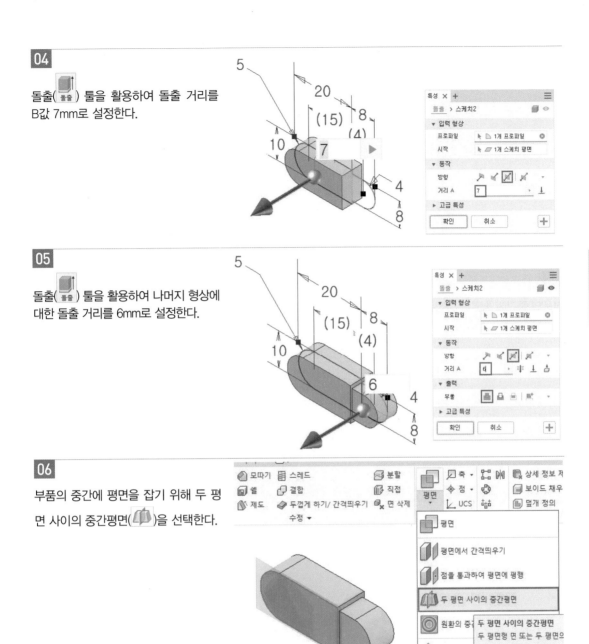

04

돌출(돌출) 툴을 활용하여 돌출 거리를
B값 7mm로 설정한다.

05

돌출(돌출) 툴을 활용하여 나머지 형상에
대한 돌출 거리를 6mm로 설정한다.

06

부품의 중간에 평면을 잡기 위해 두 평
면 사이의 중간평면( )을 선택한다.

07

부품의 양쪽 면을 클릭한다.

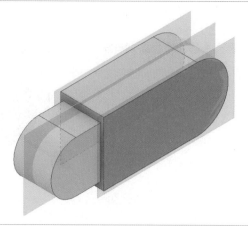

08

부품의 중간에 평면이 설정된 상태

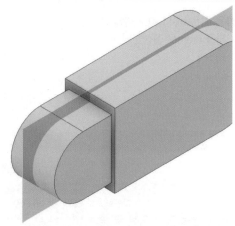

09

중간평면을 스케치 면으로 잡고 절단

모서리 투영(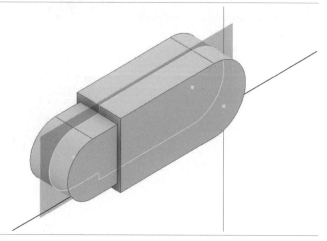)을 해 준다.

10

중간평면에 부품 ②의 형상에 맞는 스
케치를 하고 치수 구속을 한다. 특히 A
부 치수 5mm를 주의하여 기입한다.

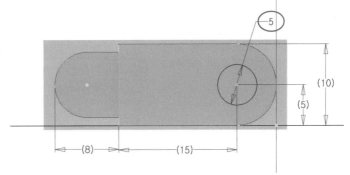

11

돌출(돌출) 툴을 활용하여 대칭으
로 돌출 거리 16mm를 합집합으로
더해 준다.

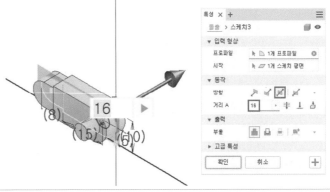

12

부품 ② 완성

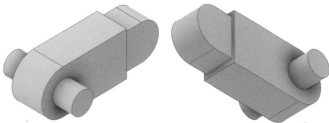

13

완성된 부품 ②를 [다른 이름으로 저
장]에서 파일의 확장자를 Autodesk
Inventor 부품으로 선택하여 파일명.ipt
로 저장한다.

[다른 이름으로 저장]-[다른 이름으로
사본 저장]에서 파일의 확장자를 STEP
파일로 선택하여 파일명.stp로 저장한다.

(3) 부품 ①, ② 조립하기

01

조립품 작성을 위해 조립 템플릿 (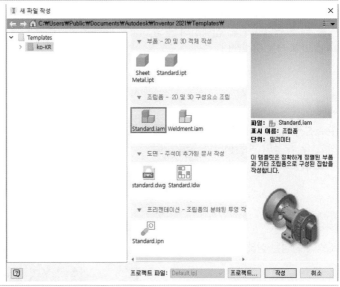 Standard.iam)을 선택한다.

02

조립을 위해 작성(작성) 툴을 클릭하여 구성요소 배치 대화창을 활성화한다. 이때 부품 ①, ②를 선택하여 연다.

03

부품 ①, ②를 불러와 조립창에 배치한 상태

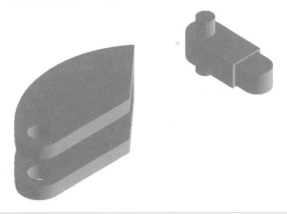

04

부품 ①, ②에 중간평면을 생성한다. 조
립을 위해 삽입(⊞)을 선택하여 구멍
과 축의 중심을 구속한다.

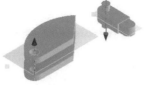

05

구속조건 배치에서 메이트(⊞)를 선택
하고 두 부품의 중간평면을 클릭하여
구속시킨다.

06

조립이 완성된 상태의 형상

07

조립 부위의 공차 확인

08

[다른 이름으로 저장]에서 파일의 확장
자를 Autodesk Inventor 조립품으로
선택하여 파일명.iam으로 저장한다. 그
리고 [다른 이름으로 사본 저장]에서
파일의 확장자를 STEP 파일로 선택하
여 파일명.stp로 저장한다.

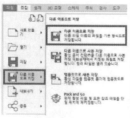

09

[파일]–[인쇄(🖨 인쇄)]–[3D 인쇄 서비스로
보내기]를 선택한다.

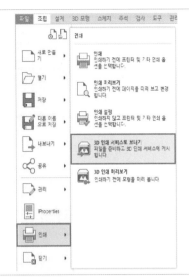

10

[3D 인쇄 서비스로 보내기]에서 [옵션]
을 선택한 후 단위를 '밀리미터'로, 해
상도를 '높음'으로 설정하고 파일의 확
장자를 STL 파일로 선택하여 파일명.stl
로 저장한다.

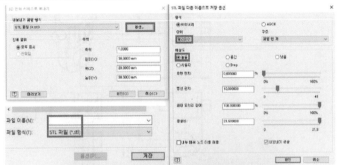

11

공개도면과 출력물 비교

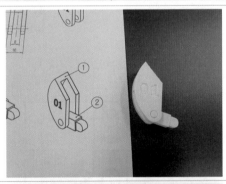

12

3D프린터 출력물

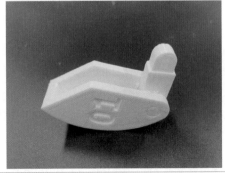

※ 최종 파일 제출 시 최종 제출파일 목록에 맞게 파일명을 변경해서 제출할 것

3D프린터운용기능사 자격증 대비과정

3D프린터운용기능사 공개도면 04

CHAPTER

04

자격종목	3D프린터운용기능사	[시험 1] 과제명	3D모델링작업	척도	NS

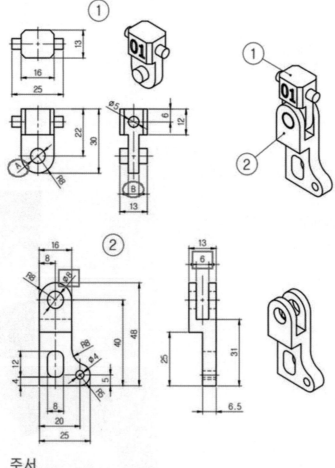

주서
1. 도시되고 지시없는 모떼기는 C2, 라운드는 R3

[조립 관련 치수 수정]
A=8이지만 조립을 위해 **7**로 수정
B=6이지만 조립을 위해 **5**로 수정하여 사이 간격이 **0.5mm**가 되게 한다.

(1) 부품 ① 모델링하기

01

부품 ①을 모델링하기 위해 부품 템플릿(Standard.ipt)을 클릭하여 새 파일 작성을 시작한다.

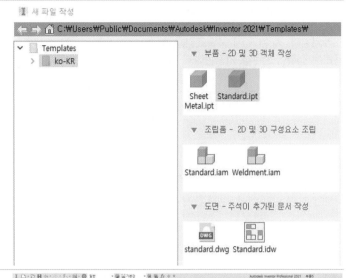

02

스케치 작업을 위해 2D 스케치 시작(2D 스케치 시작)을 클릭하고 X–Y좌표 평면을 스케치할 평면으로 선택한다.

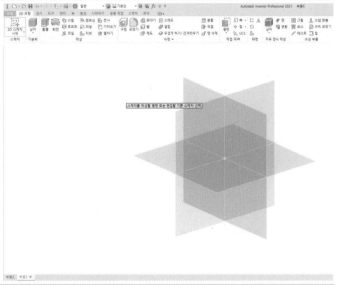

부품 ①의 스케치 형상을 치수에 맞게
스케치한다. 치수( ) 구속조건을 활
용하여 정확한 치수를 기입한다.

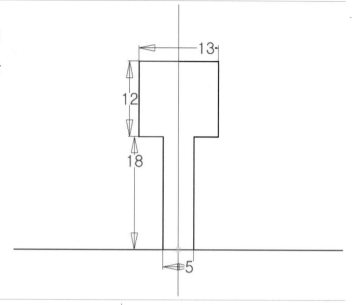

04

돌출(돌출) 툴을 활용하여 돌출 거리를
16mm로 설정한다.

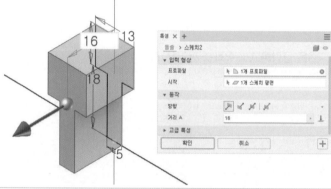

05

부품의 중간에 평면을 잡기 위해 두 평
면 사이의 중간평면( )을 선택한다.

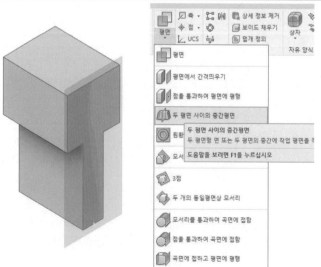

06

양쪽 면을 선택하여 중간평면을 생성
한다.

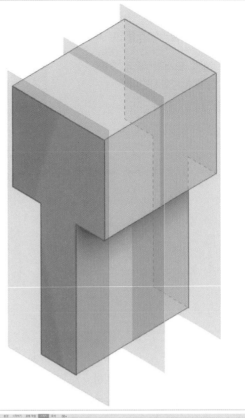

07

2D 스케치 시작(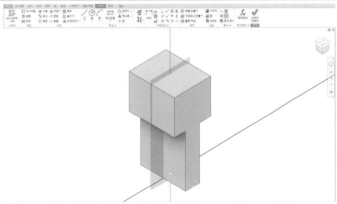)에서 중간평면을
스케치 면으로 선택한다.

[F7]을 눌러 그래픽슬라이스를 한 후
스케치 면을 절단 모서리 투영(절단 모서리 투영)
하여 모서리 선을 활성화시킨다.

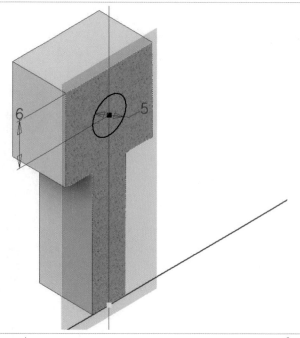

돌출(돌출) 툴을 활용하여 원을 선택하
고 대칭(대칭)으로 돌출 거리를 25mm로
설정해 합집합으로 더해 준다.

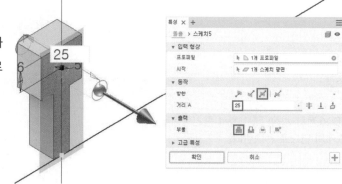

부품의 중간에 평면을 잡기 위해 두 평
면 사이의 중간평면(중간평면)을 선택한다.

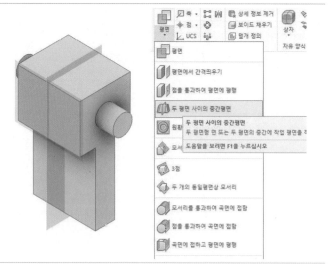

11

반대쪽 면을 선택한다.

12

부품의 중간에 평면이 새롭게 설정된
상태

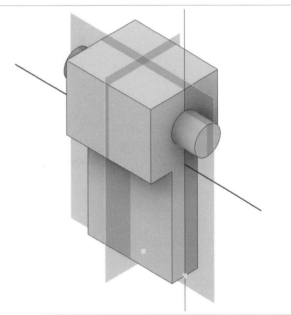

13

[F7]을 눌러 그래픽슬라이스 처리하고
스케치 면을 절단 모서리 투영(⬚ 절단 모서리 투영) 하여 모서리 선을 활성화시킨다. 도면
형상에 맞게 A부 치수 7mm 원을 그리
고 위치 치수를 기입한다.

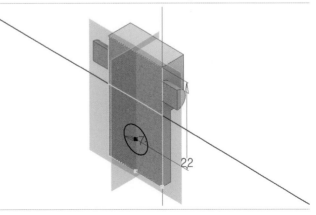

14

형상에 맞게 돌출(돌출)할 원의 프로파
일을 선택하여 양쪽(⤢)으로 13mm
합집합으로 더해 준다.

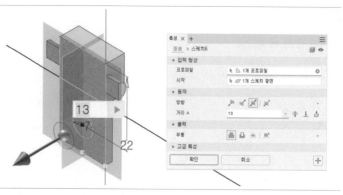

15

모깎기(모깎기) 툴을 이용하여 반지름을
8mm로 설정하고 모서리 두 곳을 클릭
하여 형상을 완성한다.

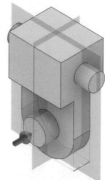

16

모따기(모따기) 툴을 이용하여 거리
2mm를 입력한 후 네 곳의 모서리를
선택하여 형상을 완성한다.

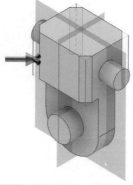

17

모깎기와 모따기가 완성된 형상

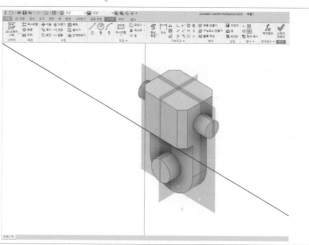

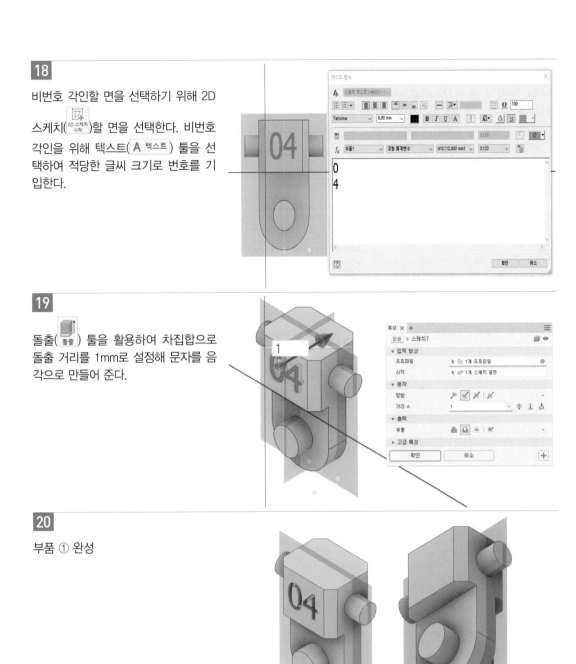

18

비번호 각인할 면을 선택하기 위해 2D 스케치(2D 스케치 시작)할 면을 선택한다. 비번호 각인을 위해 텍스트(**A** 텍스트) 툴을 선택하여 적당한 글씨 크기로 번호를 기입한다.

19

돌출(돌출) 툴을 활용하여 차집합으로 돌출 거리를 1mm로 설정해 문자를 음각으로 만들어 준다.

20

부품 ① 완성

21

완성된 부품 ①을 [다른 이름으로 저장]에서 파일의 확장자를 Autodesk Inventor 부품으로 선택하여 파일명.ipt로 저장한다.

22

완성된 부품 ①을 [다른 이름으로 저장]–[다른 이름으로 사본 저장]에서 파일의 확장자를 STEP 파일로 선택하여 파일명.stp 파일로 저장한다.

(2) 부품 ② 모델링하기

01

부품 ②를 모델링하기 위해 부품 템플릿(Standard.ipt)을 클릭하여 새 파일 작성을 시작한다.

02

스케치 작업을 위해 2D 스케치 시작(2D 스케치 시작)을 클릭하고 X–Y좌표 평면을 스케치할 평면으로 선택한다.

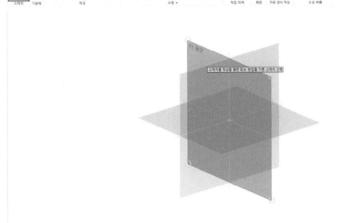

03

부품 ②의 스케치 형상을 치수에 맞게 스케치한다.

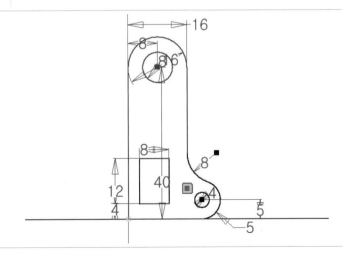

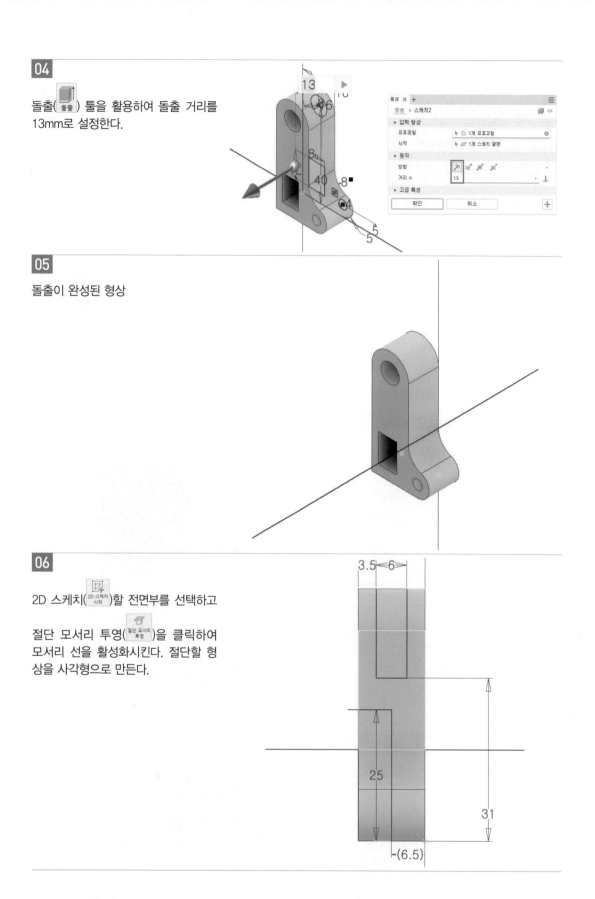

04

돌출( ) 툴을 활용하여 돌출 거리를
13mm로 설정한다.

05

돌출이 완성된 형상

06

2D 스케치( )할 전면부를 선택하고

절단 모서리 투영( )을 클릭하여
모서리 선을 활성화시킨다. 절단할 형
상을 사각형으로 만든다.

07

돌출(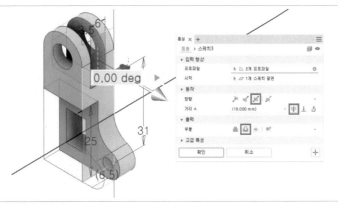) 툴을 활용하여 두 개의 사각
형 면을 선택하고 양방향으로 전체관
통으로 빼주기를 한다.

08

측면의 사각형 부위의 모서리를 모깎
기() 툴을 이용하여 반지름 3mm로
만들어 준다.

09

부품의 중간에 평면을 잡기 위해 두 평
면 사이의 중간평면()을 선택한다.

10

중간평면이 설정된 상태를 확인하고
저장한다.

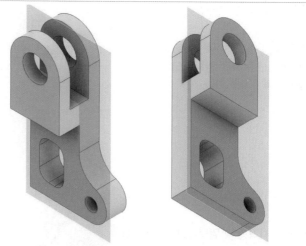

11

완성된 부품 ②를 [다른 이름으로 저
장]에서 파일의 확장자를 Autodesk
Inventor 부품으로 선택하여 파일명.ipt
로 저장한다.

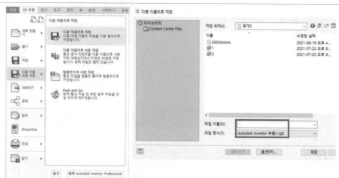

12

[다른 이름으로 저장]-[다른 이름으로
사본 저장]에서 파일의 확장자를 STEP
파일로 선택하여 파일명.stp로 저장한다.

(3) 부품 조립하기

01

조립품 작성을 위해 조립 템플릿
(Standard.iam)을 선택한다.

02

조립을 위해 작성(작성) 툴을 클릭하여
구성요소 배치 대화창을 활성화한다.
이때 부품 2개를 선택하여 연다.

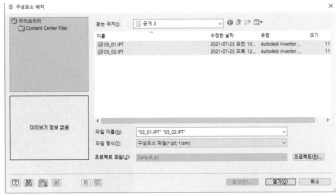

03

부품 ①, ②를 불러와 조립창에 배치한
상태

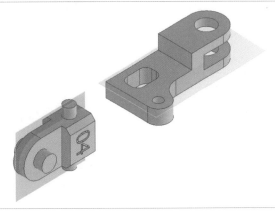

04

조립을 위해 삽입()을 선택하여
구멍과 축의 중심을 구속한다.

05

구속조건 배치에서 메이트()를 선
택하여 두 부품의 중간평면을 클릭하
여 구속시킨다.

06

조립이 완성된 상태를 확인한다.

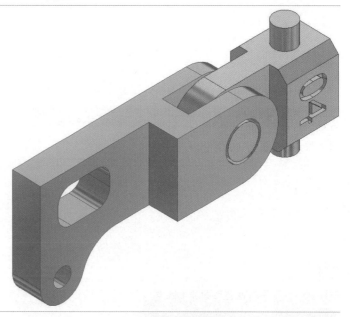

07

조립공차를 확인한다.

08

조립 부품이 완성된 상태

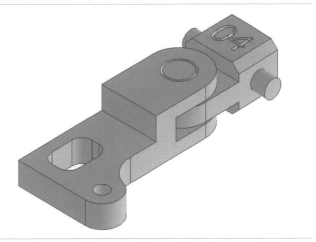

09

[다른 이름으로 저장]에서 파일의 확장
자를 Autodesk Inventor 조립품으로
선택하여 파일명.iam으로 저장한다. 그
리고 [다른 이름으로 사본 저장]에서
파일의 확장자를 STEP 파일로 선택하
여 파일명.stp로 저장한다.

10

[파일]-[인쇄(🖨 인쇄)]-[3D 인쇄 서비
스로 보내기]를 선택한다.

11

[3D 인쇄 서비스로 보내기]에서 [옵션]을 선택한 후 단위를 '밀리미터'로, 해상도를 '높음'으로 설정하고 파일의 확장자를 STL 파일로 선택하여 04_04.stl로 저장한다.

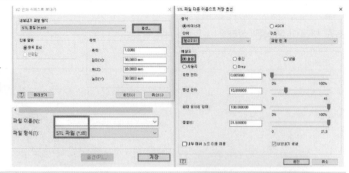

12

공개도면과 출력물 비교

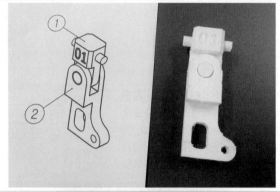

13

3D프린터 출력 완성

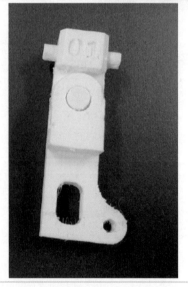

※ 최종 파일 제출 시 최종 제출파일 목록에 맞게 파일명을 변경해서 제출할 것

3D프린터운용기능사 공개도면 05

CHAPTER 05

자격종목	3D프린터운용기능사	[시험 1] 과제명	3D모델링작업	척도	NS

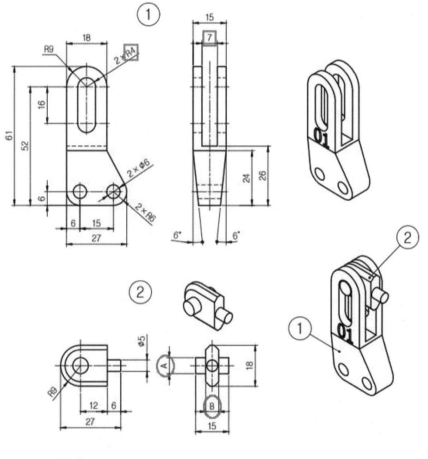

주서
1. 도시되고 지시없는 모떼기는 C2

[조립 관련 치수 수정]
A=8이지만 조립을 위해 7로 수정
B=7이지만 조립을 위해 6으로 수정하여 사이 간격이 0.5mm가 되게 한다.

(1) 부품 ① 모델링하기

01

부품 ①을 모델링하기 위해 부품 템플릿(Standard.ipt)을 클릭하여 새 파일 작성을 시작한다.

02

스케치 작업을 위해 2D 스케치 시작(2D 스케치 시작)을 클릭하고 X-Y좌표 평면을 스케치할 평면으로 선택한다.

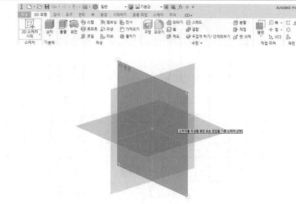

03

부품 ①의 스케치 형상을 치수에 맞게 스케치한다. 치수(치수) 구속조건을 활용하여 정확한 치수를 기입한다.

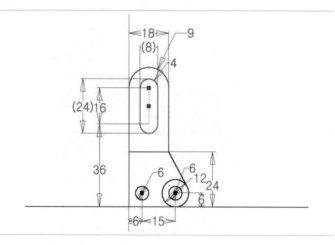

04

돌출(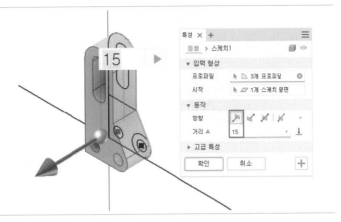) 툴을 활용하여 돌출 거리를
15mm로 설정한다.

05

부품의 중간에 평면을 잡기 위해 두 평
면 사이의 중간평면(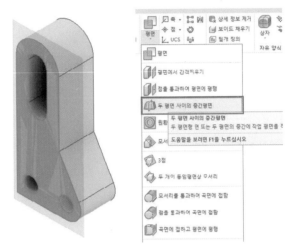)을 선택한다.

06

양쪽 면을 선택하여 중간평면을 생성
한다.

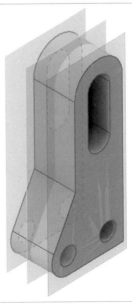

중간평면이 생성된 상태

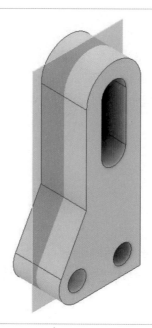

08

2D 스케치 시작(2D 스케치 시작)에서 중간평면을
스케치 면으로 선택한다.

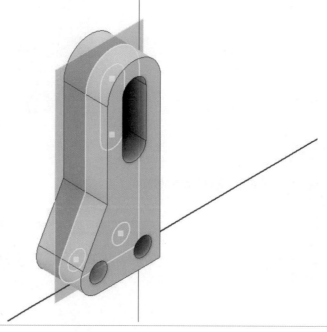

09

[F7]을 눌러 그래픽슬라이스를 한 후 스케치 면을 절단 모서리 투영(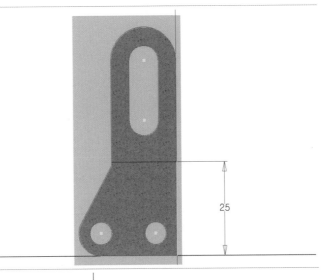) 하여 모서리 선을 활성화시킨다. 치수에 맞게 선을 하나 그려 가운데 부분을 뺄 준비를 한다.

10

돌출( ) 툴을 활용하여 돌출할 면을 선택하고 대칭( )으로 돌출 거리를 7mm으로 설정하여 차집합으로 빼준다.

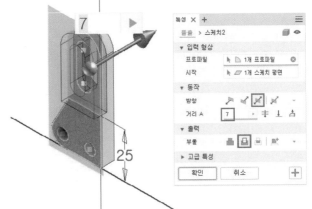

11

부품 ①의 뒤쪽 면을 2D 스케치 면으로 설정한다.

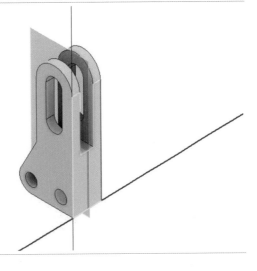

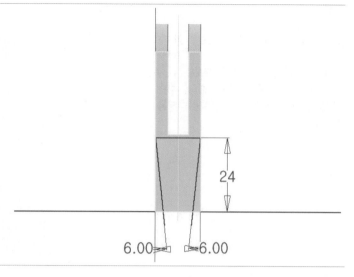

12

스케치 면에 그림과 같이 치수에 맞게
스케치한다.

13

돌출(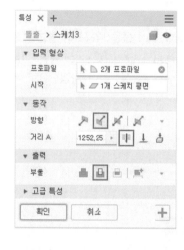) 툴을 이용하여 양쪽의 삼각
형 모양을 프로파일로 잡아서 전체관
통으로 빼 준다.

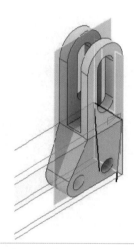

14

비번호 각인할 면을 선택하기 위해 2D

스케치( )할 면을 선택한다.

15

비번호 각인을 위해 텍스트(A 텍스트) 툴을 선택하여 적당한 글씨 크기로 번호를 기입한다.

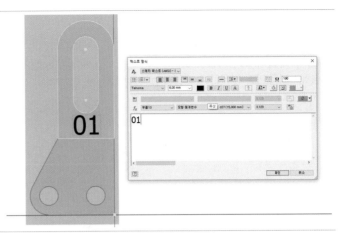

16

돌출(돌출) 툴을 활용하여 차집합으로 돌출 거리를 1mm로 설정해 문자를 음각으로 만들어 준다.

17

부품 ① 완성

18

완성된 부품 ①을 [다른 이름으로 저장]에서 파일의 확장자를 Autodesk Inventor 부품으로 선택하여 파일명.ipt로 저장한다.

19

완성된 부품 ①을 [다른 이름으로 저장]-[다른 이름으로 사본 저장]에서 파일의 확장자를 STEP 파일로 선택하여 파일명.stp로 저장한다.

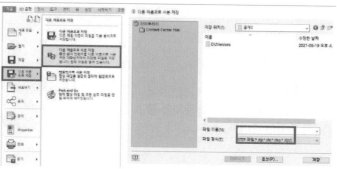

(2) 부품 ② 모델링하기

01

부품 ②를 모델링하기 위해 부품 템플릿(Standard.ipt)을 클릭하여 새 파일 작성을 시작한다.

02

스케치 작업을 위해 2D 스케치 시작(2D 스케치 시작)을 클릭하고 X-Y좌표 평면을 스케치할 평면으로 선택한다.

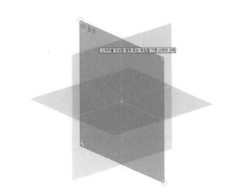

03

부품 ②의 스케치 형상을 치수에 맞게 스케치한다.

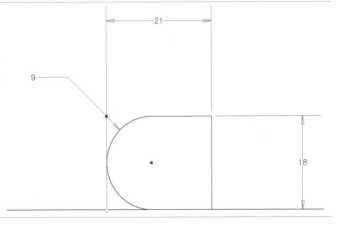

돌출( ) 툴을 활용하여 돌출 거리를
6mm로 설정한다.

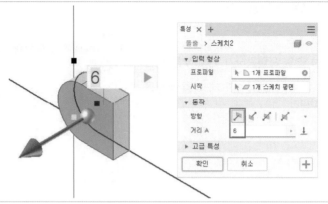

05

2D 스케치(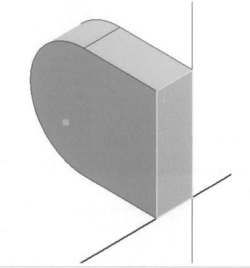)할 측면부를 선택하고

절단 모서리 투영( )을 클릭하여
모서리 선을 활성화시킨다.

06

측면의 중심에 지름 6mm 원을 스케치
한다.

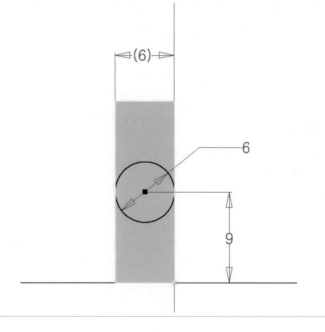

07

돌출(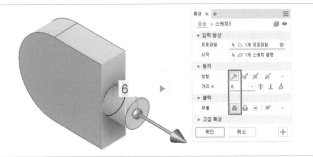) 툴을 활용하여 돌출 거리를
6mm로 설정하여 합한다.

08

부품의 중간에 평면을 잡기 위해 두 평
면 사이의 중간평면( )을 선택한다.

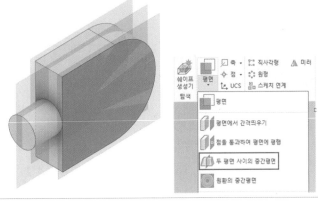

09

중간평면이 설정된 상태

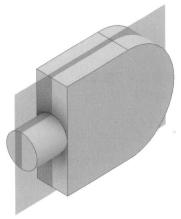

10

중간평면을 스케치 면으로 설정하고
절단 모서리 투영( )을 한다.

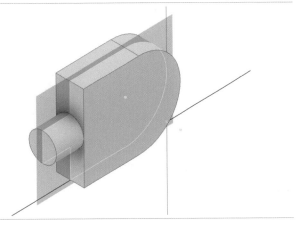

11

중심점을 기준으로 지름 7mm 원을
스케치한다.

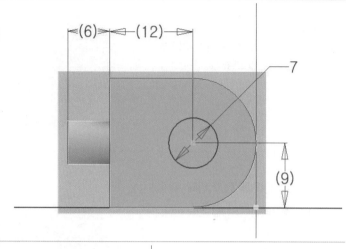

12

돌출( ) 툴을 활용하여 스케치한 원
을 선택해 양방향으로 15mm 더하기
돌출시킨다.

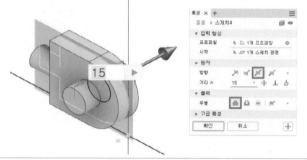

13

측면의 사각형 부위의 모서리를 모따
기(모따기) 툴을 이용하여 거리 2mm
로 만들어 준다.

14

부품 ② 완성

15

완성된 부품 ②를 [다른 이름으로 저장]에서 파일의 확장자를 Autodesk Inventor 부품으로 선택하여 파일명.ipt로 저장한다.

16

완성된 부품 ②를 [다른 이름으로 저장]–[다른 이름으로 사본 저장]에서 파일의 확장자를 STEP 파일로 선택하여 파일명.stp로 저장한다.

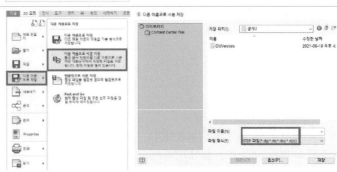

(3) 부품 ①, ② 조립하기

01

조립품 작성을 위해 조립 템플릿(Standard.iam)을 선택한다.

02

조립을 위해 작성(작성) 툴을 클릭하여 구성요소 배치 대화창을 활성화한다. 이때 부품 ①, ②를 선택하여 연다.

03

부품 ①, ②를 불러와 조립창에 배치한 상태

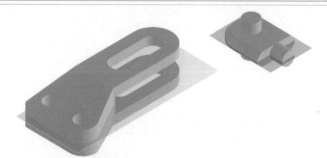

04

구속조건(구속) 툴을 이용하여 조립을 위해 메이트(메이트)를 선택하고 구멍과 축의 중심을 잡으면 솔루션에 같은 방향으로 조립이 자동 생성된다.

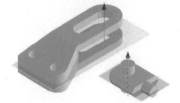

05

구멍과 축의 중심이 구속되었으며 부품 ①의 중심에 구속하기 위해 구속조건 배치에서 메이트( )를 선택하고 두 부품의 중간평면을 클릭하여 구속시킨다.

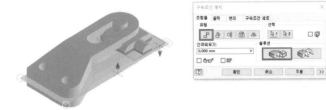

06

조립이 완료된 상태

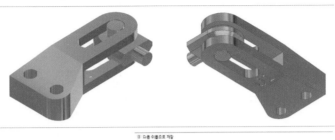

07

[다른 이름으로 저장]에서 파일의 확장자를 Autodesk Inventor 조립품으로 선택하여 파일명.iam으로 저장한다. 그리고 [다른 이름으로 사본 저장]에서 파일의 확장자를 STEP 파일로 선택하여 파일명.stp로 저장한다.

08

[파일]-[인쇄( )]-[3D 인쇄 서비스로 보내기]를 선택한다.

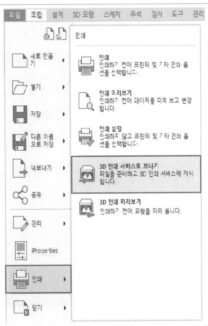

09

[3D 인쇄 서비스로 보내기]에서 [옵션]을 선택한 후 단위를 '밀리미터'로, 해상도를 '높음'으로 설정하고 파일의 확장자를 STL 파일로 선택하여 파일명.stl로 저장한다.

10

공개도면과 출력물 비교

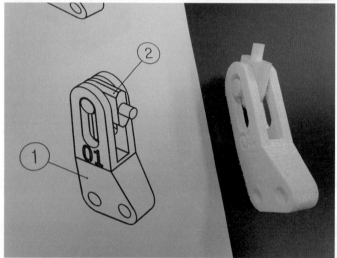

11

3D프린터 출력 완성

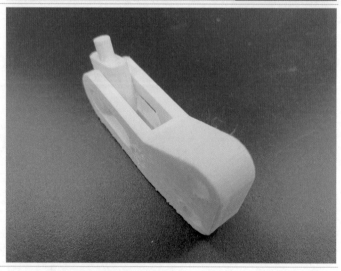

※ 최종 파일 제출 시 최종 제출파일 목록에 맞게 파일명을 변경해서 제출할 것

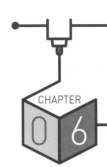

3D프린터운용기능사 공개도면 06

CHAPTER
06

자격종목	3D프린터운용기능사	[시험 1] 과제명	3D모델링작업	척도	NS

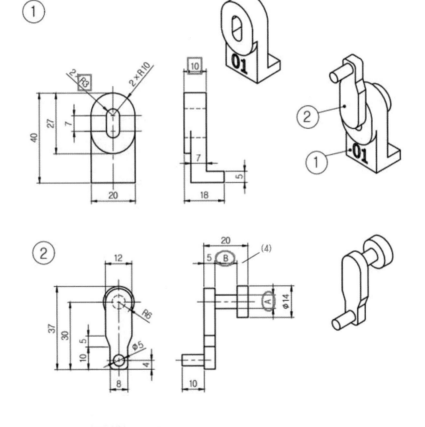

주서
1. 도시되고 지시없는 라운드는 R2

[조립 관련 치수 수정]
A=6이지만 조립을 위해 5로 수정
B=10이지만 조립을 위해 11로 수정하여 사이 간격이 0.5mm가 되게 한다. B치수 옆은 4mm로 해야 전체 치수 20mm에 맞출 수 있다.

(1) 부품 ① 모델링하기

01

부품 ①을 모델링하기 위해 부품 템플
릿(Standard.ipt)을 클릭하여 새 파일 작성을
시작한다.

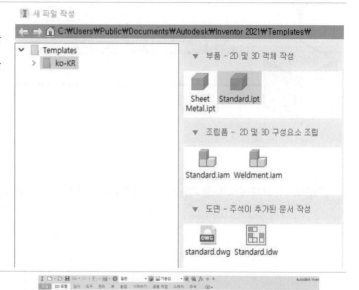

02

스케치 작업을 위해 2D 스케치 시작
(2D 스케치 시작)을 클릭하고 X-Y좌표 평면을 스
케치할 평면으로 선택한다.

03

부품 ①의 측면 스케치 형상을 치수에

맞게 스케치한다. 치수(치수) 구속조건
을 활용하여 정확한 치수를 기입한다.

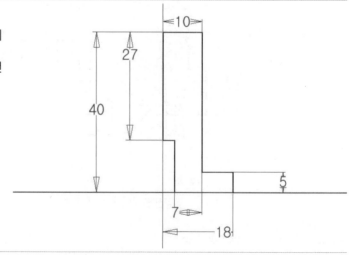

04

돌출(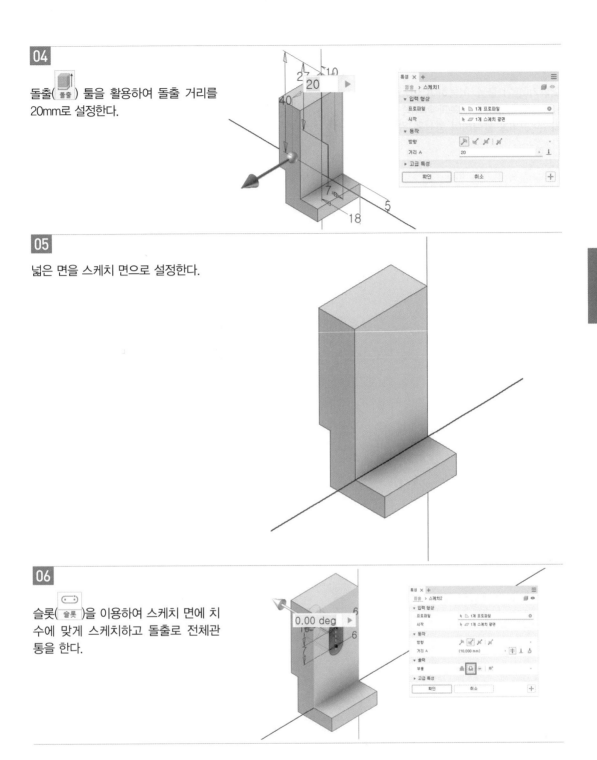) 툴을 활용하여 돌출 거리를
20mm로 설정한다.

05

넓은 면을 스케치 면으로 설정한다.

06

슬롯( )을 이용하여 스케치 면에 치
수에 맞게 스케치하고 돌출로 전체관
통을 한다.

07

모깎기() 툴을 이용하여 반지름을 10mm로 설정하고 위쪽과 아래쪽 모서리 두 곳씩을 클릭하여 형상을 완성한다.

08

비번호 각인할 면을 선택하기 위해 2D 스케치(⬚ 2D 스케치 시작)할 면을 선택한다.

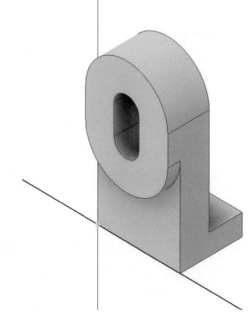

09

비번호 각인을 위해 텍스트(A 텍스트) 툴을 선택하여 적당한 글씨 크기로 번호를 기입한다.

10

돌출( ) 툴을 활용하여 차집합으로 돌출 거리를 1mm로 설정해 문자를 음각으로 만들어 준다.

11

부품의 중간에 평면을 잡기 위해 두 평면 사이의 중간평면( )을 선택한다.

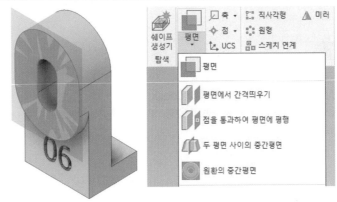

12

반대쪽 면을 선택한다.

13

부품의 중간에 평면이 새롭게 설정된
상태

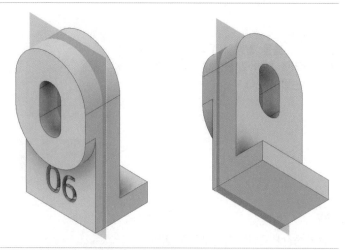

14

완성된 부품 ①을 [다른 이름으로 저
장]에서 파일의 확장자를 Autodesk
Inventor 부품으로 선택하여 파일명.ipt
로 저장한다.

15

완성된 부품 ①을 [다른 이름으로 저
장]–[다른 이름으로 사본 저장]에서 파
일의 확장자를 STEP 파일로 선택하여
파일명.stp로 저장한다.

(2) 부품 ② 모델링하기

01

부품 ②를 모델링하기 위해 부품 템플릿(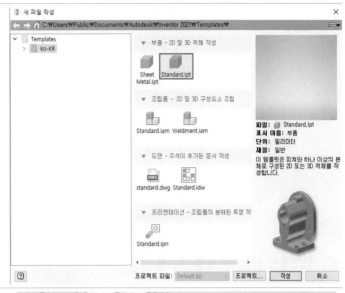Standard.ipt)을 클릭하여 새 파일 작성을 시작한다.

02

스케치 작업을 위해 2D 스케치 시작(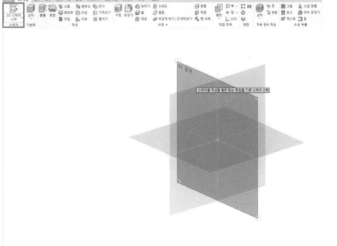)을 클릭하고 X−Y좌표 평면을 스케치할 평면으로 선택한다.

부품 ②의 스케치 형상을 치수에 맞게
스케치한다.

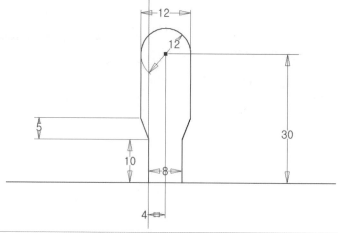

돌출( ) 툴을 활용하여 돌출 거리를
5mm로 설정한다.

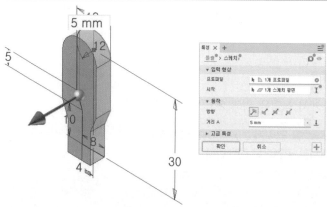

측면을 2D 스케치 면으로 선택한다.

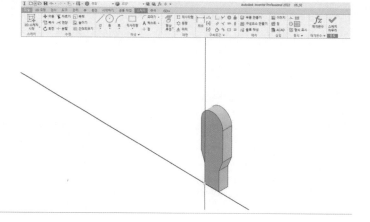

06

형상 투영의 절단 모서리 투영(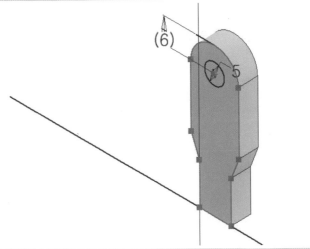절단 모서리 투영)을 이용하여 테두리 선을 활성화시키고 A 부 치수인 5mm 원을 그린다.

07

돌출(돌출) 툴을 활용하여 스케치한 원을 선택해 11mm 더하기 돌출시킨다.

08

작은 원 부분을 2D 스케치 면으로 선택한다.

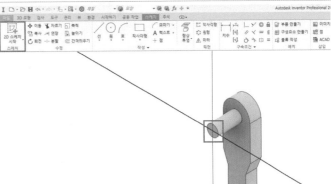

09

스케치 면에 지름 14mm인 원을 그린다.

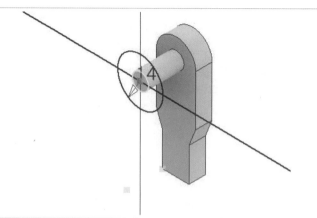

10

돌출(█) 툴을 활용하여 스케치한
원을 선택해 4mm 더하기 돌출시킨다.

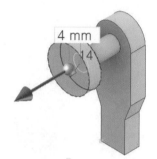

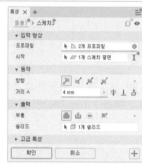

11

뒤쪽 면을 2D 스케치 면으로 선택한다.

12

형상 투영의 절단 모서리 투영(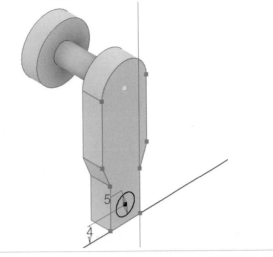절단 모서리 투영)을 이용해 테두리 선을 활성화시키고 지름 5mm인 원을 그린다.

13

돌출(돌출) 툴을 활용하여 스케치한 원을 선택해 10mm 더하기 돌출시킨다.

14

지시없는 라운드 R2를 만들기 위해 모깎기(모깎기) 툴을 이용하여 형상을 만든다.

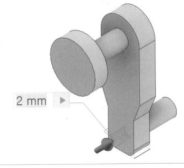

15

부품 ②의 형상이 완성된 모양

16

축 부분 가운데 중심평면을 만들기 위해 두 평면 사이의 중간평면(![icon])을 선택한다.

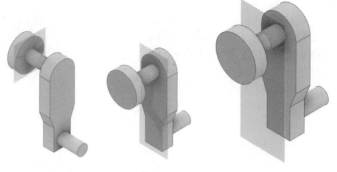

⟨안쪽 면을 두 곳 선택⟩　　⟨중심 평면이 생성⟩

17

완성된 부품 ②를 [다른 이름으로 저장]에서 파일의 확장자를 Autodesk Inventor 부품으로 선택하여 파일명.ipt로 저장한다.

18

완성된 부품 ②를 [다른 이름으로 저장]–[다른 이름으로 사본 저장]에서 파일의 확장자를 STEP 파일로 선택하여 파일명.stp로 저장한다.

(3) 부품 ①, ② 조립하기

01

조립품 작성을 위해 조립 템플릿 (Standard.iam)을 선택한다.

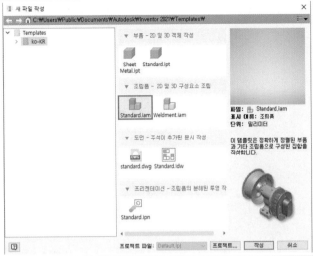

02

조립을 위해 작성(작성) 툴을 클릭하여 구성요소 배치 대화창을 활성화한다. 이때 부품 ①, ②를 선택하여 연다.

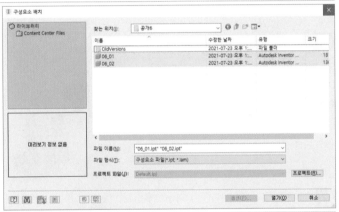

03

부품 ①, ②를 불러와 조립창에 배치한 상태

04

구멍과 축의 중심이 구속되었으면 부품 ①의 중심에 구속하기 위해 구속조건 배치에서 메이트를 선택하여 두 부품의 중간평면을 클릭해 구속시킨다.

05

두 평면이 구속된 상태

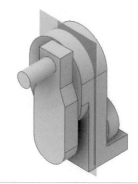

06

두 평면이 구속된 상태에서 드래그하여 부품 ②의 중심과 장공의 윗부분 중심을 같은 방향으로 메이트시킨다.

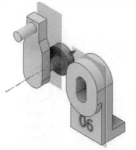

07

장공의 윗부분을 선택한 상태

08

조립이 완료된 상태

09

조립 관계를 확인해 본다.

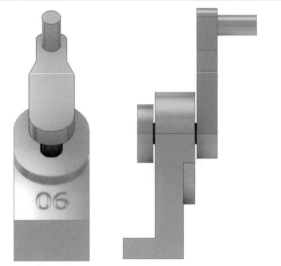

10

[다른 이름으로 저장]에서 파일의 확장자를 Autodesk Inventor 조립품으로 선택하여 파일명.iam으로 저장한다. 그리고 [다른 이름으로 사본 저장]에서 파일의 확장자를 STEP 파일로 선택하여 파일명.stp로 저장한다.

11

[파일]–[인쇄(🖨 인쇄)]–[3D 인쇄 서비스로 보내기]를 선택한다.

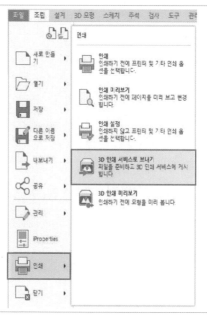

12

[3D 인쇄 서비스로 보내기]에서 [옵션]을 선택한 후 단위를 '밀리미터'로, 해상도를 '높음'으로 설정하고 파일의 확장자를 STL 파일로 선택하여 파일명.stl로 저장한다.

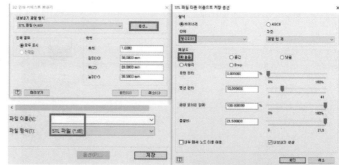

13

공개도면과 출력물 비교

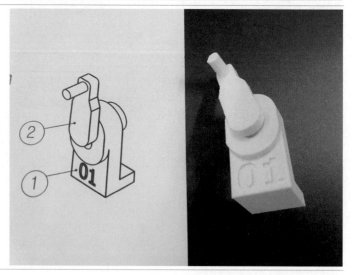

14

3D프린터 출력 완성

※ 최종 파일 제출 시 최종 제출파일 목록에 맞게 파일명을 변경해서 제출할 것

3D프린터운용기능사 자격증 대비과정

3D프린터운용기능사 공개도면 07

자격종목	3D프린터운용기능사	[시험 1] 과제명	3D모델링작업	척도	NS

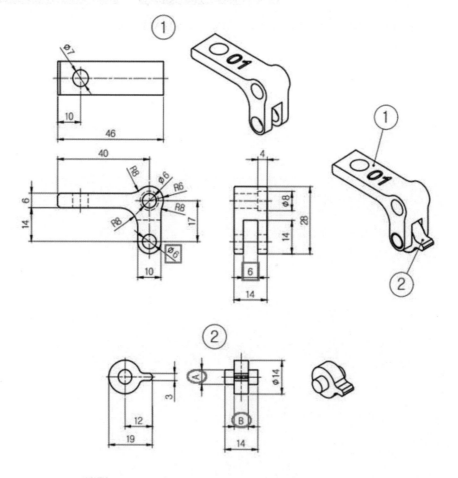

주서
1. 도시되고 지시없는 모떼기는 C1, 라운드는 R2

[조립 관련 치수 수정]
A=6이지만 조립을 위해 5로 수정
B=6이지만 조립을 위해 5로 수정하여 사이 간격이 0.5mm가 되게 한다.

(1) 부품 ① 모델링하기

01

부품 ①을 모델링하기 위해 부품 템플릿(Standard.ipt)을 클릭하여 새 파일 작성을 시작한다.

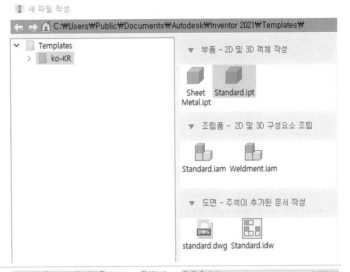

02

스케치 작업을 위해 2D 스케치 시작(2D 스케치 시작)을 클릭하고 X-Y좌표 평면을 스케치할 평면으로 선택한다.

03

부품 ①의 스케치 형상을 치수에 맞게 스케치한다. 치수(치수) 구속조건을 활용하여 정확한 치수를 기입한다.

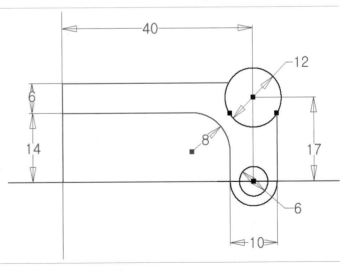

04

돌출(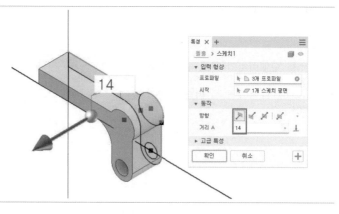) 툴을 활용하여 돌출 거리를
14mm로 설정한다.

05

모깎기() 툴을 이용하여 치수에 맞
게 R8을 모깎기 해 준다.

06

모따기() 툴을 이용하여 지시없는
모따기 C1를 만들어 준다.

07

2D 스케치 시작(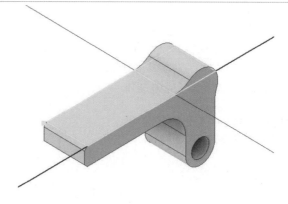)에서 윗면을 스
케치 평면으로 선택한다.

08

비번호 각인을 위해 텍스트(A 텍스트)
툴을 선택하여 적당한 글씨 크기로 번
호를 기입한다. 윗면에 구멍을 뚫기 위
해 7mm 원을 그려 준다.

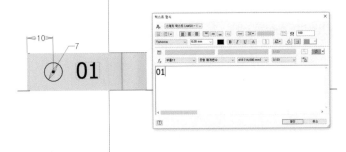

09

돌출(돌출) 툴을 활용하여 구멍을 관통
시킨다.

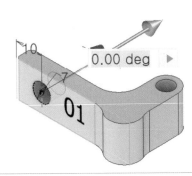

10

돌출(돌출) 툴을 활용하여 차집합으로
돌출 거리를 1mm로 설정해 문자를 음
각으로 만들어 준다.

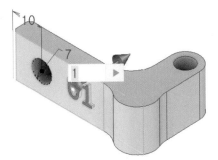

11

부품의 중간에 평면을 잡기 위해 두 평
면 사이의 중간평면( )을 선택한다.

12

중간평면이 생성된 상태

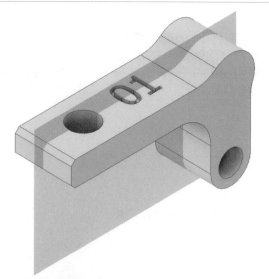

13

부품의 중간에 평면을 잡기 위해 두 평
면 사이의 중간평면( )을 선택한다
(뚫린 구멍의 중심에 스케치 면을 설정
한다).

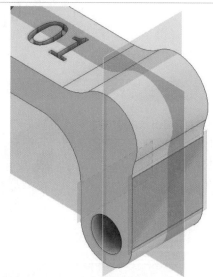

14

[F7]을 눌러 그래픽슬라이스를 한 후

스케치 면을 절단 모서리 투영(절단 모서리 투영)
하여 모서리 선을 활성화시킨다.

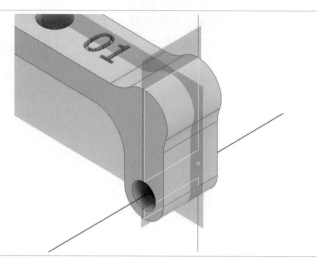

15

사각형으로 돌출하여 빼낼 부분을 치
수에 맞게 스케치한다.

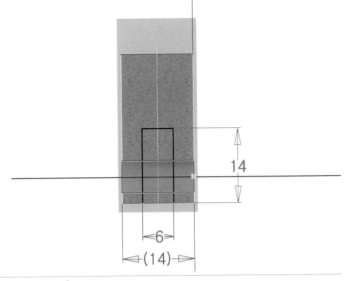

16

돌출(돌출) 툴을 활용하여 사각형 모양
의 면을 선택하고 양쪽으로 전체관통
을 시킨다.

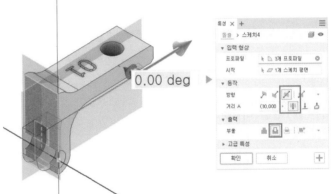

17

구멍을 뚫기 위해 스케치 면을 선택한다.

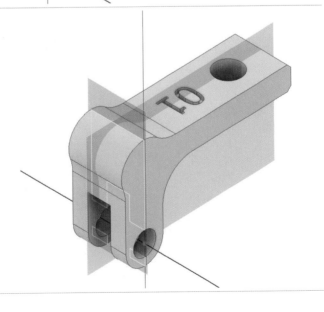

[F7]을 눌러 그래픽슬라이스를 한 후 스케치 면을 절단 모서리 투영(절단 모서리 투영) 하여 모서리 선을 활성화시킨다. 구멍 치수에 맞게 사각형 툴을 이용하여 스케치한다.

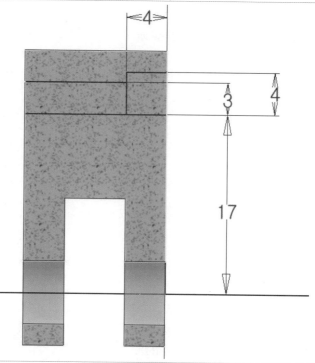

19

회전(회전) 툴을 이용하여 구멍부분을 빼내기한다.

20

부품 ① 완성

21

완성된 부품 ①을 [다른 이름으로 저장]에서 파일의 확장자를 Autodesk Inventor 부품으로 선택하여 파일명.ipt로 저장한다.

22

완성된 부품 ①을 [다른이름으로 저장]-[다른 이름으로 사본 저장]에서 파일의 확장자를 STEP 파일로 선택하여 파일명.stp로 저장한다.

(2) 부품 ② 모델링하기

01

부품 ②를 모델링하기 위해 부품 템플 릿(Standard.ipt)을 클릭하여 새 파일 작성을 시작한다.

02

스케치 작업을 위해 2D 스케치 시작 (2D 스케치 시작)을 클릭하고 X-Y좌표 평면을 스 케치할 평면으로 선택한다.

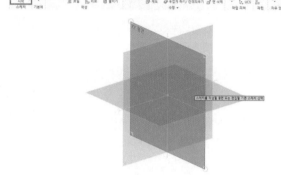

03

부품 ②의 스케치 형상을 치수에 맞게 스케치한다.

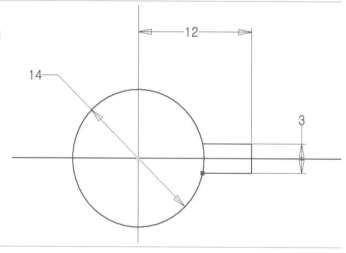

04

돌출(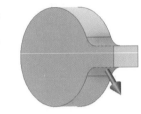) 툴을 활용하여 돌출 거리를
5mm로 설정한다.

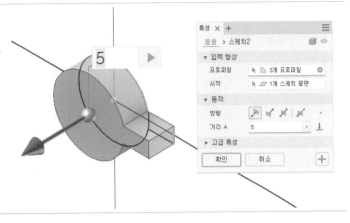

05

지시없는 라운드 R2를 만들기 위해 모
깎기() 툴을 이용하여 형상을 만들
어준다.

06

지시없는 모떼기 C1을 만들기 위해 모
따기() 툴을 이용하여 형상을
만들어준다.

07

부품의 중간에 평면을 잡기 위해 두 평면
사이의 중간평면( )을 선택한다.

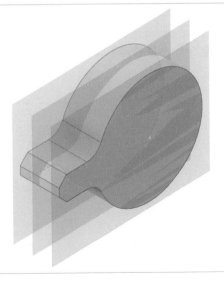

중간평면이 설정된 상태

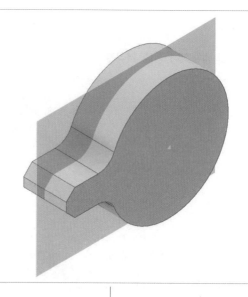

중간평면을 2D 스케치 면으로 설정하고, [F7]을 눌러 그래픽슬라이스를 한 후 스케치 면을 절단 모서리 투영 (절단 모서리 투영)하여 모서리 선을 활성화시킨다.

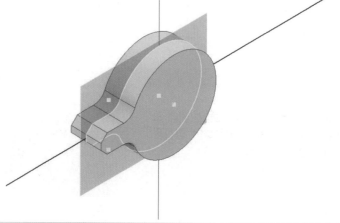

A부의 치수 지름 5mm 원을 중심에 그린다.

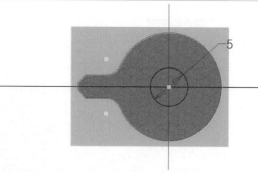

11

돌출(돌출) 툴을 활용하여 스케치한 원을 선택하여 양방향으로 14mm 더하기 돌출시킨다.

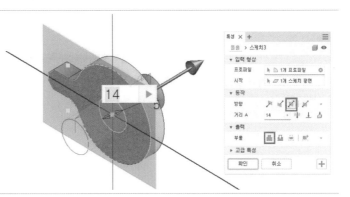

12

부품 ②의 형상이 완성된 모양

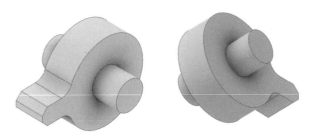

13

완성된 부품 ②를 [다른 이름으로 저장]에서 파일의 확장자를 Autodesk Inventor 부품으로 선택하여 파일명.ipt로 저장한다.

14

완성된 부품 ②를 [다른 이름으로 저장]–[다른 이름으로 사본 저장]에서 파일의 확장자를 STEP 파일로 선택하여 파일명.stp로 저장한다.

(3) 부품 ①, ② 조립하기

01

조립품 작성을 위해 조립 템플릿()을 선택한다.

02

조립을 위해 작성(작성) 툴을 클릭하여 구성요소 배치 대화창을 활성화한다. 이때 부품 ①, ②를 선택하여 연다.

03

부품 ①, ②를 불러와 조립창에 배치한 상태

04

조립을 위해 구속조건(구속) 툴을 이용하여 메이트( ) 를 선택하고 구멍과 축의 중심을 잡으면 솔루션에 같은 방향으로 조립이 자동 생성된다.

05

구멍과 축의 중심이 구속되었으면 부품 ①의 중심에 구속하기 위해 구속조건 배치에서 메이트()를 선택하여 두 부품의 중간평면을 클릭하여 구속시킨다.

06

조립이 완료된 상태

07

조립 부위 확인

08

[다른 이름으로 저장]에서 파일의 확장자를 Autodesk Inventor 조립품으로 선택하여 파일명.iam으로 저장한다. 그리고 [다른 이름으로 사본 저장]에서 파일의 확장자를 STEP 파일로 선택하여 파일명.stp로 저장한다.

09

[파일]–[인쇄()]–[3D 인쇄 서비스로 보내기]를 선택한다.

10

[3D 인쇄 서비스로 보내기]에서 [옵션]을 선택한 후 단위를 '밀리미터'로, 해상도를 '높음'으로 설정하고 파일의 확장자를 STL 파일로 선택하여 파일명.stl로 저장한다.

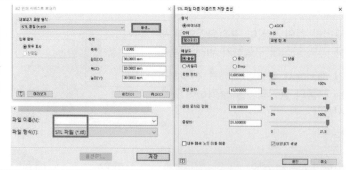

11

공개도면과 출력물 비교

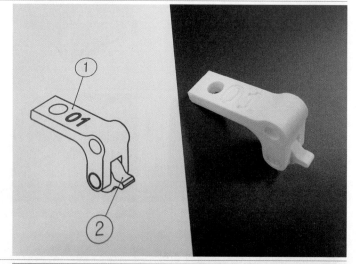

12

3D프린터 출력 완성

※ 최종 파일 제출 시 최종 제출파일 목록에 맞게 파일명을 변경해서 제출할 것

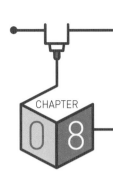

3D프린터운용기능사 공개도면 08

CHAPTER
08

자격종목	3D프린터운용기능사	[시험 1] 과제명	3D모델링작업	척도	NS

①

②

주서
1. 도시되고 지시없는 모떼기는 C2, 라운드는 R3

[조립 관련 치수 수정]
A=5이지만 조립을 위해 6으로 수정
B=6이지만 조립을 위해 7로 수정하여 사이 간격이 0.5mm가 되게 한다.

(1) 부품 ① 모델링하기

01

부품 ①을 모델링하기 위해 부품 템플릿(Standard.ipt)을 클릭하여 새 파일 작성을 시작한다.

02

스케치 작업을 위해 2D 스케치 시작(2D 스케치 시작)을 클릭하고 X–Y좌표 평면을 스케치할 평면으로 선택한다.

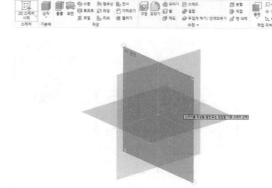

03

부품 ①의 스케치 형상을 치수에 맞게 스케치한다. 치수(치수) 구속조건을 활용하여 정확한 치수를 기입한다.

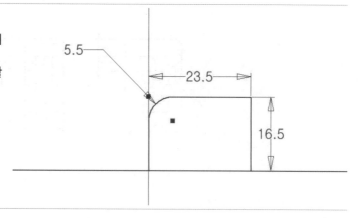

04

돌출(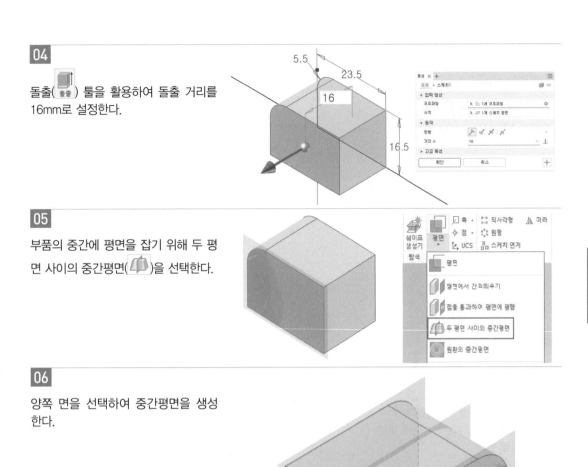) 툴을 활용하여 돌출 거리를
16mm로 설정한다.

05

부품의 중간에 평면을 잡기 위해 두 평
면 사이의 중간평면(　)을 선택한다.

06

양쪽 면을 선택하여 중간평면을 생성
한다.

중간평면이 생성된 상태이다. 2D 스케
치 시작(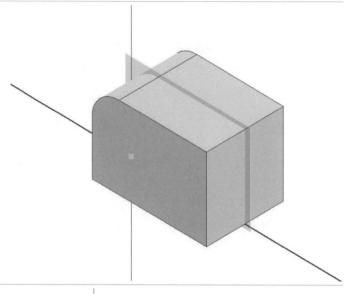)에서 중간평면을 스케치
면으로 선택한다.

[F7]을 눌러 그래픽슬라이스를 한 후

스케치 면을 절단 모서리 투영(⌁)
하여 모서리 선을 활성화시킨다. 치수
에 맞게 선을 하나 그려서 가운데 부분
을 뺄 준비를 한다.

돌출(⬚) 툴을 활용하여 돌출할 면을
선택하고 대칭(⬚)으로 돌출 거리를 B
값인 8mm로 설정하여 차집합으로 빼
준다.

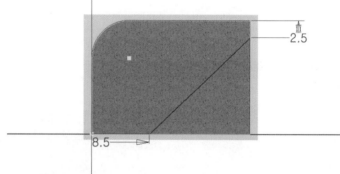

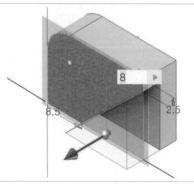

10

2D 스케치()할 면을 측면으로 선택
한다.

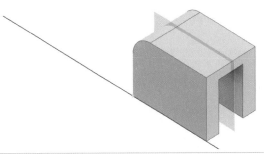

11

스케치 면에 그림과 같이 치수에 맞게
스케치를 한다.

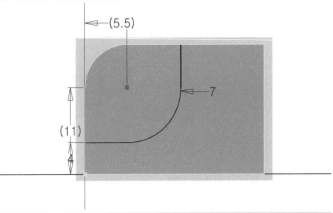

12

돌출(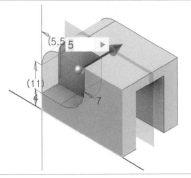) 툴을 이용하여 5mm 빼주기
를 한다.

패턴의 미러(△ 미러) 툴을 이용하여
대칭으로 형상을 만들어 준다.

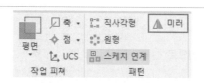

14

미러 평면을 중심평면으로 선택한다.

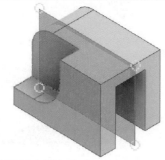

15

미러를 통하여 형상이 만들진 상태

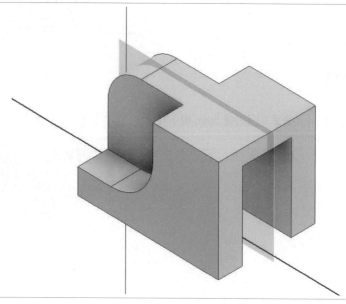

16

2D 스케치 시작(⊞ 2D 스케치 시작)에서 중간평면을 스케치 면으로 선택한다. [F7]을 눌러 그래픽슬라이스를 한 후 스케치 면을 절단 모서리 투영(☐ 절단 모서리 투영)하여 모서리 선을 활성화시킨다. 중심점에 원을 스케치한다.

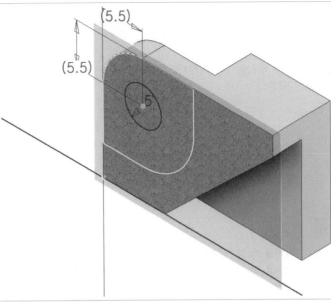

17

돌출(☐ 돌출) 툴을 활용하여 돌출할 면을 선택하고 대칭(☒)으로 돌출 거리를 16mm로 설정하여 더하기 한다.

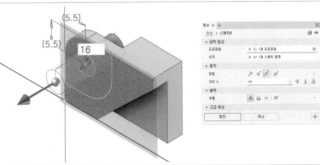

18

모깎기(☐ 모깎기) 툴을 이용하여 지시없는 라운드 R3을 만들어 준다.

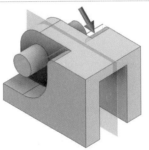

형상을 완성하고 비번호를 각인하기
위하여 측면 부위를 2D 스케치()
면으로 선택한다.

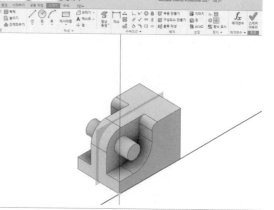

20

비번호 각인을 위해 텍스트(A 텍스트)
툴을 선택하여 적당한 글씨 크기로 번
호를 기입한다.

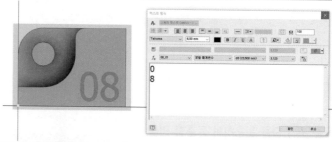

21

돌출(돌출) 툴을 활용하여 차집합으로
돌출 거리를 1mm로 설정하여 문자를
음각으로 만들어 준다.

22

부품 ① 완성

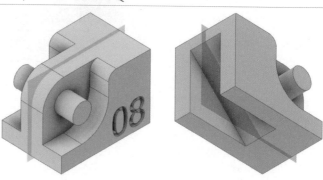

23

완성된 부품 ①을 [다른 이름으로 저장]에서 파일의 확장자를 Autodesk Inventor 부품으로 선택하여 파일명.ipt로 저장한다.

24

완성된 부품 ①을 [다른 이름으로 저장]–[다른 이름으로 사본 저장]에서 파일의 확장자를 STEP 파일로 선택하여 파일명.stp로 저장한다.

(2) 부품 ② 모델링하기

01

부품 ②를 모델링하기 위해 부품 템플릿(Standard.ipt)을 클릭하여 새 파일 작성을 시작한다.

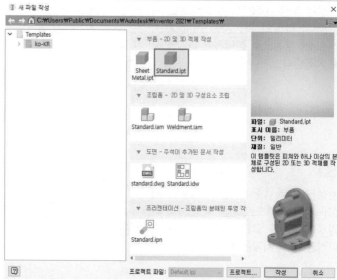

02

스케치 작업을 위해 2D 스케치 시작(2D 스케치 시작)을 클릭하고 X-Y좌표 평면을 스케치할 평면으로 선택한다.

03

부품 ②의 스케치 형상을 치수에 맞게 스케치한다.

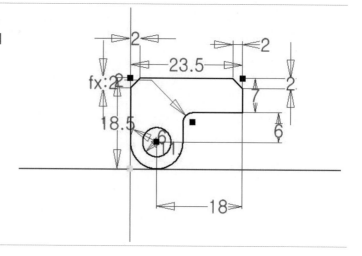

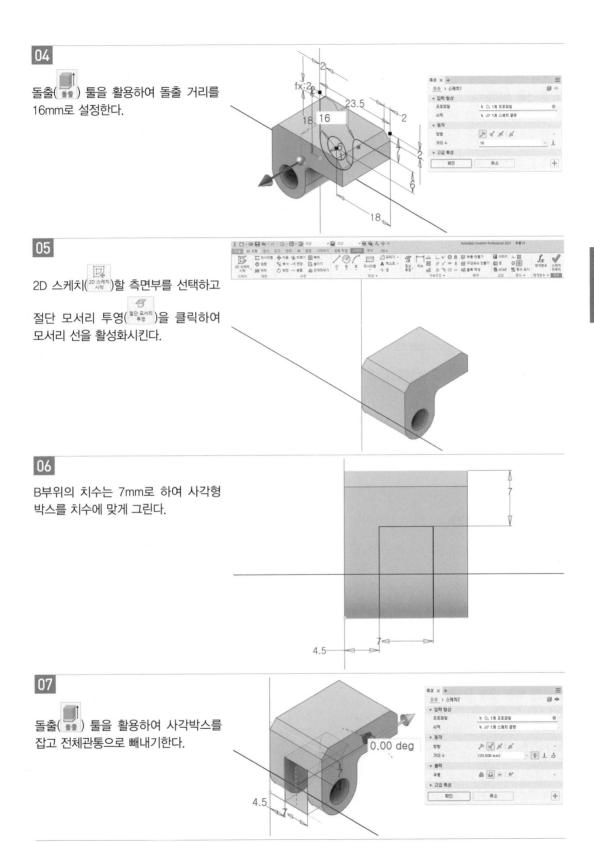

04

돌출( ) 툴을 활용하여 돌출 거리를 16mm로 설정한다.

05

2D 스케치( )할 측면부를 선택하고

절단 모서리 투영( )을 클릭하여 모서리 선을 활성화시킨다.

06

B부위의 치수는 7mm로 하여 사각형 박스를 치수에 맞게 그린다.

07

돌출( ) 툴을 활용하여 사각박스를 잡고 전체관통으로 빼내기한다.

08

스케치 면을 설정하기 위해 측면부위
의 평면을 선택한다.

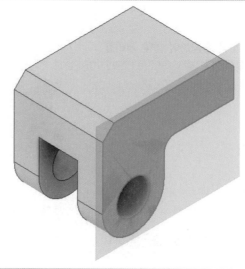

09

부품의 중간에 평면을 잡기 위해 두 평
면 사이의 중간평면(▣)을 선택한다.

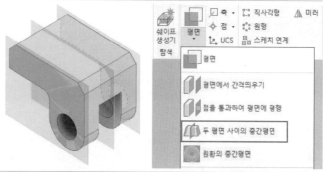

10

중간평면이 설정된 상태

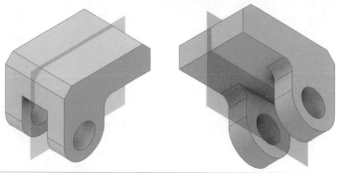

11

완성된 부품 ②를 [다른 이름으로 저
장]에서 파일의 확장자를 Autodesk
Inventor 부품으로 선택하여 파일명.ipt
로 저장한다.

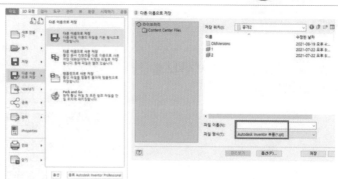

완성된 부품 ②를 [다른 이름으로 저
장]–[다른 이름으로 사본 저장]에서 파
일의 확장자를 STEP 파일로 선택하여
파일명.stp로 저장한다.

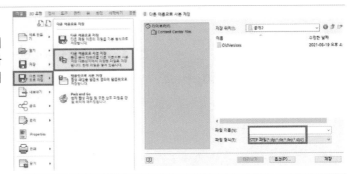

(3) 부품 ①, ② 조립하기

01

조립품 작성을 위해 조립 템플릿(Standard.iam)을 선택한다.

02

조립을 위해 작성(작성) 툴을 클릭하여 구성요소 배치 대화창을 활성화한다. 이때 부품 ①, ②를 선택하여 연다.

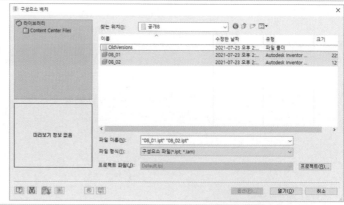

03

부품 ①, ②를 불러와 조립창에 배치한 상태

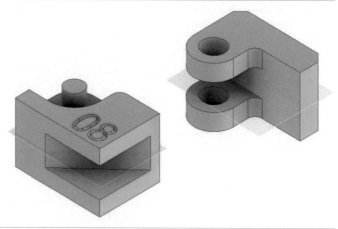

04

조립을 위해 구속조건(구속) 툴을 이용하여 메이트( ) 를 선택한다.

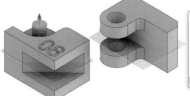

05

구멍과 축의 중심을 잡으면 솔루션에 같은 방향으로 조립이 자동 생성된다.

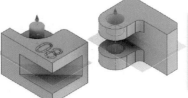

06

구멍과 축의 중심이 구속되었으면 구속조건 배치에서 메이트( ) 를 선택하여 두 부품의 중간평면을 클릭하여 구속시킨다.

07

조립이 완료된 상태

08

공차부위 확인

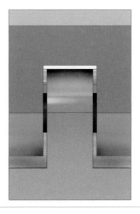

09

조립이 완료된 상태

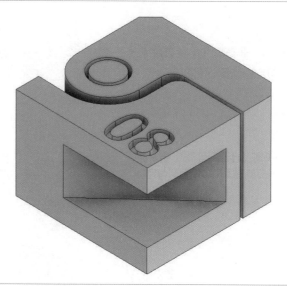

10

[다른 이름으로 저장]에서 파일의 확장자를 Autodesk Inventor 조립품으로 선택하여 파일명.iam으로 저장한다. 그리고 [다른 이름으로 사본 저장]에서 파일의 확장자를 STEP 파일로 선택하여 파일명.stp로 저장한다.

11

[파일]–[인쇄(🖨 인쇄)]–[3D 인쇄 서비스로 보내기]를 선택한다.

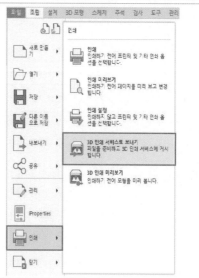

12

[3D 인쇄 서비스로 보내기]에서 [옵션]을 선택한 후 단위를 '밀리미터'로, 해상도를 '높음'으로 설정하고 파일의 확장자를 STL 파일로 선택하여 파일명.stl로 저장한다.

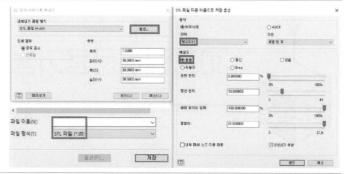

13

공개도면과 출력물 비교

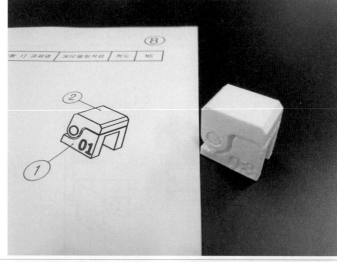

14

3D프린터 출력 완성

※ 최종 파일 제출 시 최종 제출파일 목록에 맞게 파일명을 변경해서 제출할 것

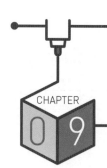
3D프린터운용기능사 자격증 대비과정

3D프린터운용기능사 공개도면 09

자격종목	3D프린터운용기능사	[시험 1] 과제명	3D모델링작업	척도	NS

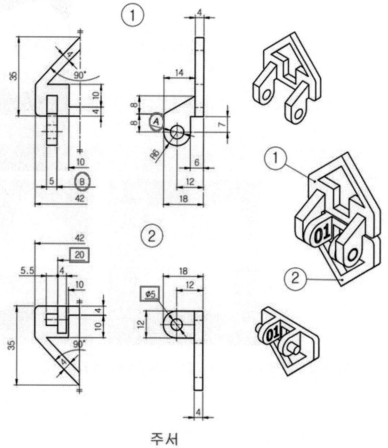

주서

1. 도시되고 지시없는 라운드는 R2
2. 해당도면은 좌우대칭임

[조립 관련 치수 수정]
A=5이지만 조립을 위해 6으로 수정
B=20이지만 조립을 위해 21로 수정하여 사이 간격이 0.5mm가 되게 한다.

(1) 부품 ① 모델링하기

01

부품 ①을 모델링하기 위해 부품 템플릿(Standard.ipt)을 클릭하여 새 파일 작성을 시작한다.

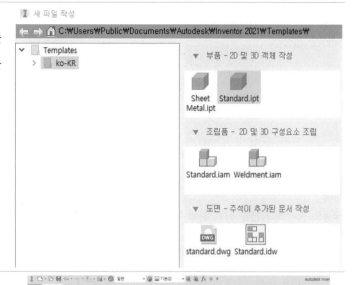

02

스케치 작업을 위해 2D 스케치 시작(2D 스케치 시작)을 클릭하고 X–Y좌표 평면을 스케치할 평면으로 선택한다.

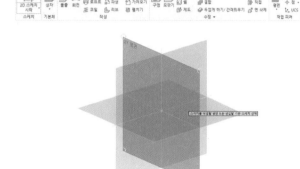

03

부품 ①의 스케치 형상을 치수에 맞게 스케치한다. 치수(치수) 구속조건을 활용하여 정확한 치수를 기입한다.

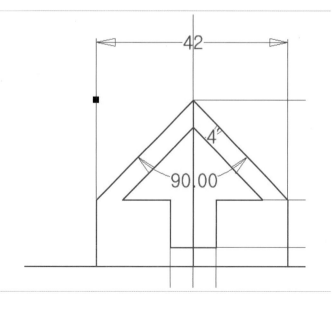

04

돌출(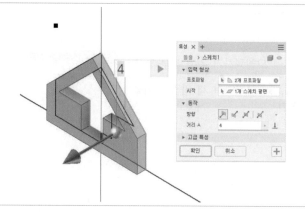) 툴을 활용하여 돌출 거리를
4mm로 설정한다.

05

부품의 중간에 평면을 잡기 위해 두 평
면 사이의 중간평면(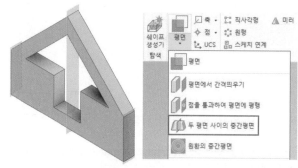)을 선택한다.

06

중간평면이 생성된 상태

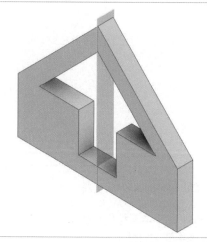

07

평면에서 간격띄우기를 이용하여 중간 평면을 잡고 드래그하며, 이때 간격띄우기 값은 10.5mm로 한다.

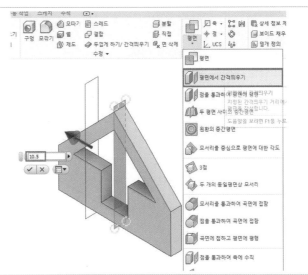

08

새로운 평면이 생성된 것을 확인하고 2D 스케치 시작(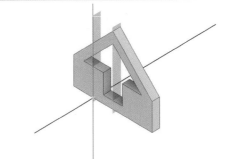)에서 스케치 면으로 설정한다.

09

[F7]을 눌러 그래픽슬라이스를 한 후 스케치 면을 절단 모서리 투영(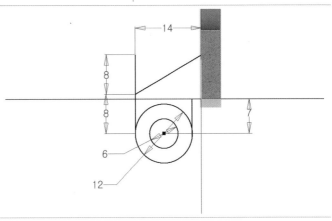)하여 모서리 선을 활성화시킨다. 측면 형상에 맞게 치수 구속을 이용하여 스케치를 해 준다.

10

돌출(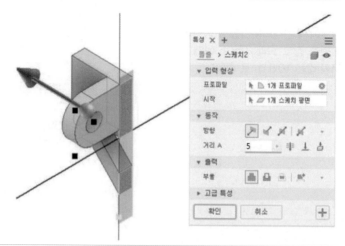돌출) 툴을 활용하여 돌출할 면을
선택하고 돌출 거리를 5mm로 하여 더
하기 한다.

11

패턴의 미러(⚠ 미러) 기능 이용하여 피
쳐를 선택하여 미러평면을, 중간평면을
선택하여 대칭형상을 생성한다.

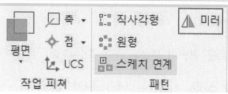

12

부품 ① 완성

13

완성된 부품 ①을 [다른 이름으로 저장]에서 파일의 확장자를 Autodesk Inventor 부품으로 선택하여 파일명.ipt 로 저장한다.

14

완성된 부품 ①을 [다른 이름으로 저장]-[다른 이름으로 사본 저장]에서 파일의 확장자를 STEP 파일로 선택하여 파일명.stp로 저장한다.

(2) 부품 ② 모델링하기

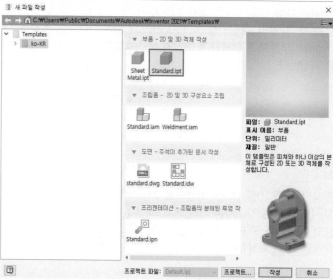

01

부품 ②를 모델링하기 위해 부품 템플릿(Standard.ipt)을 클릭하여 새 파일 작성을 시작한다.

02

스케치 작업을 위해 2D 스케치 시작(2D 스케치 시작)을 클릭하고 X-Y좌표 평면을 스케치할 평면으로 선택한다.

03

부품 ②의 스케치 형상을 치수에 맞게 스케치하고 치수 구속을 한다.

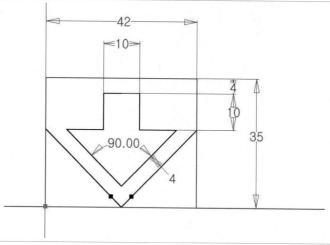

04

돌출( ) 툴을 활용하여 돌출 거리를 4mm로 설정한다.

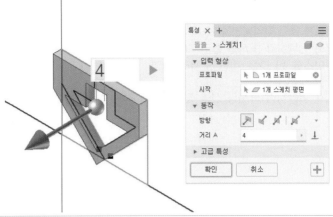

05

부품의 중간에 평면을 잡기 위해 두 평면 사이의 중간평면( )을 선택한다.

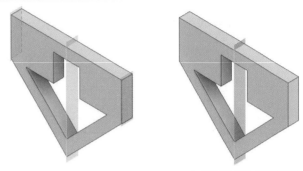

06

평면에서 간격띄우기를 선택하여 스케치 면을 6mm 간격띄우기 한다.

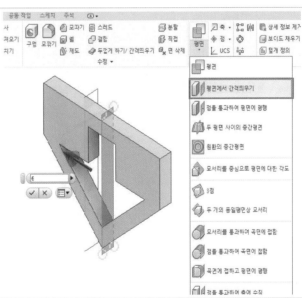

07

새롭게 옮긴 작업평면을 2D 스케치 면으로 선택하고 [F7]을 눌러 그래픽슬라이스를 한 다음 절단 모서리 투영 (✄ 절단 모서리 투영)을 하여 모서리 선을 활용하도록 한다.

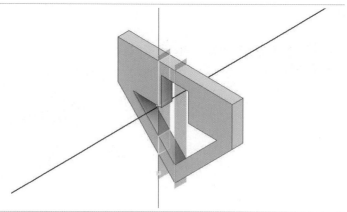

08

측면의 형상을 치수에 맞게 스케치하고 치수 구속을 시킨다.

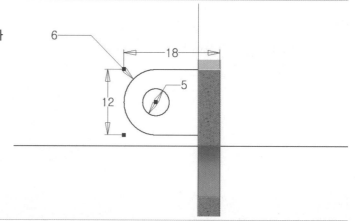

09

돌출(돌출) 툴을 활용하여 면을 선택해 돌출 거리를 4mm 더하기 한다.

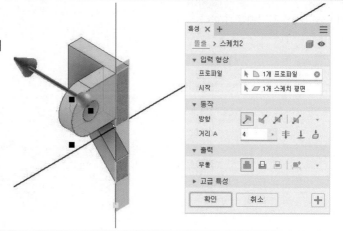

10

돌출( ) 툴을 활용하여 원부위를 선택하여 돌출 거리를 9.5mm 더하기 한다.

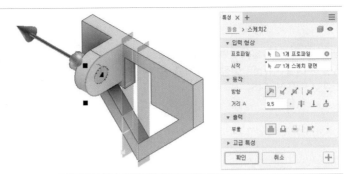

11

패턴의 미러( ) 툴을 이용하여 중간 평면을 미러평면으로 선택해 대칭면을 생성한다.

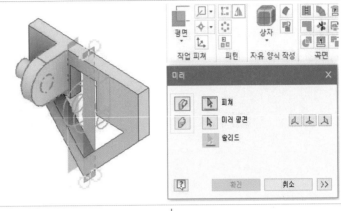

12

미러 형상이 완성된 상태

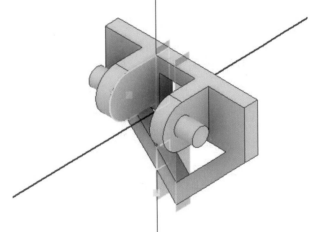

13

안쪽 부분을 2D 스케치 면으로 선택, [F7]을 눌러 그래픽슬라이스를 하고 절단 모서리 투영을 한 후 텍스트(A 텍스트) 툴로 비번호를 기입한다.

14

돌출(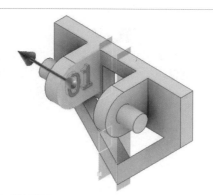돌출) 툴을 활용하여 차집합으로
돌출 거리를 1mm로 설정해 문자를 음
각으로 만들어 준다.

15

부품 ② 완성

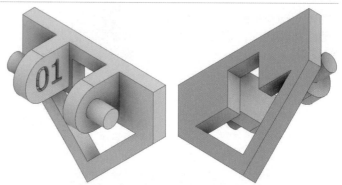

16

완성된 부품 ②를 [다른 이름으로 저
장]에서 파일의 확장자를 Autodesk
Inventor 부품으로 선택하여 파일명.ipt
로 저장한다.

17

완성된 부품 ②를 [다른 이름으로 저
장]–[다른 이름으로 사본 저장]에서 파
일의 확장자를 STEP 파일로 선택하여
파일명.stp로 저장한다.

(3) 부품 ①, ② 조립하기

01

조립품 작성을 위해 조립 템플릿
()을 선택한다.

02

조립을 위해 작성(작성) 툴을 클릭하여
구성요소 배치 대화창을 활성화한다.
이때 부품 ①, ②를 선택하여 연다.

03

부품 ①, ②를 불러와 조립창에 배치한
상태

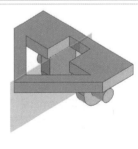

04

조립을 위해 구속조건(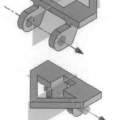 구속) 툴을 이용하여 메이트( ))를 선택하고 구멍과 축의 중심을 잡으면 솔루션에 같은 방향으로 조립이 자동 생성된다.

05

구멍과 축의 중심이 구속되었으면 부품 ①의 중심에 구속하기 위해 구속조건 배치에서 메이트( )를 선택해 두 부품의 중간평면을 클릭하여 구속시킨다.

06

조립이 완료된 상태

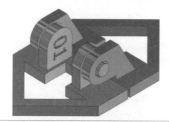
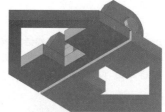

07

조립부의 공차 부위를 확인한다.

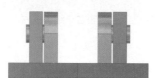

08

[다른 이름으로 저장]에서 파일의 확장자를 Autodesk Inventor 조립품으로 선택하여 파일명.iam으로 저장한다. 그리고 [다른 이름으로 사본 저장]에서 파일의 확장자를 STEP 파일로 선택하여 파일명.stp로 저장한다.

09

[파일]−[인쇄(🖶 인쇄)]−[3D 인쇄 서비스로 보내기]를 선택한다.

10

[3D 인쇄 서비스로 보내기]에서 [옵션]을 선택한 후 단위를 '밀리미터'로, 해상도를 '높음'으로 설정하고 파일의 확장자를 STL 파일로 선택하여 파일명.stl로 저장한다.

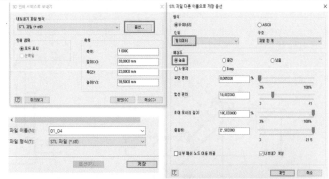

11

공개도면과 출력물 비교

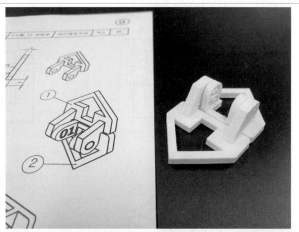

12

3D프린터 출력 완성

※ 최종 파일 제출 시 최종 제출파일 목록에 맞게 파일명을 변경해서 제출할 것

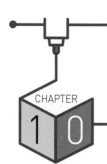

3D프린터운용기능사 공개도면 10

CHAPTER
1 0

자격종목	3D프린터운용기능사	[시험 1] 과제명	3D모델링작업	척도	NS

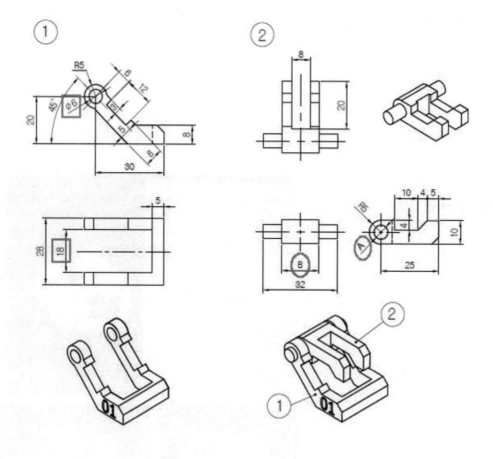

주서
1. 도시되고 지시없는 모떼기는 C3

[조립 관련 치수 수정]
A=6이지만 조립을 위해 5로 수정
B=18이지만 조립을 위해 17로 수정하여 사이 간격이 0.5mm가 되게 한다.

(1) 부품 ① 모델링하기

01

부품 ①을 모델링하기 위해 부품 템플릿(Standard.ipt)을 클릭하여 새 파일 작성을 시작한다.

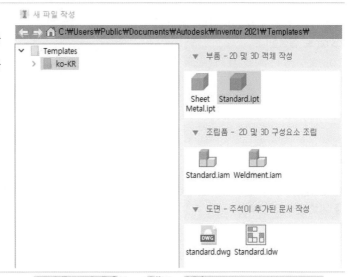

02

스케치 작업을 위해 2D 스케치 시작(2D 스케치 시작)을 클릭하고 X-Y좌표 평면을 스케치할 평면으로 선택한다.

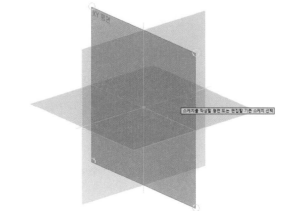

03

부품 ①의 스케치 형상을 치수에 맞게 스케치한다. 치수(치수) 구속조건을 활용하여 정확한 치수를 기입한다.

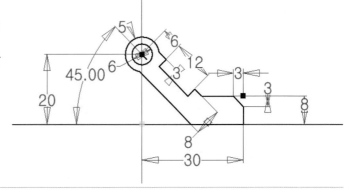

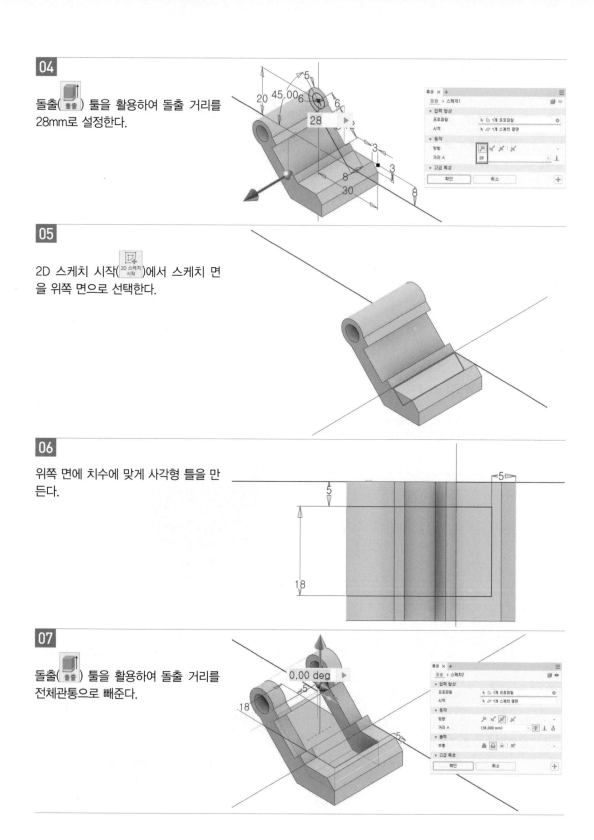

04

돌출(🔲) 툴을 활용하여 돌출 거리를
28mm로 설정한다.

05

2D 스케치 시작(🔲)에서 스케치 면
을 위쪽 면으로 선택한다.

06

위쪽 면에 치수에 맞게 사각형 틀을 만
든다.

07

돌출(🔲) 툴을 활용하여 돌출 거리를
전체관통으로 빼준다.

08

돌출 빼기 작업이 완료된 상태에서 비번호 각인을 위해 측면을 2D 스케치 시작(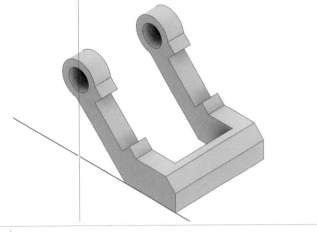)으로 선택한다.

09

비번호 각인을 위해 텍스트(A 텍스트) 툴을 선택하여 적당한 글씨 크기로 번호를 기입한다.

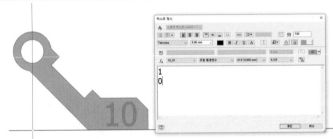

10

돌출(돌출) 툴을 활용하여 차집합으로 돌출 거리를 1mm로 설정해 문자를 음각으로 만들어 준다.

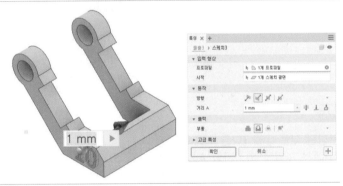

11

부품의 중간에 평면을 잡기 위해 두 평면 사이의 중간평면( )을 선택한다.

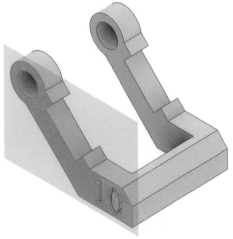

12

양쪽 면을 선택하여 중간평면을 생성
한다.

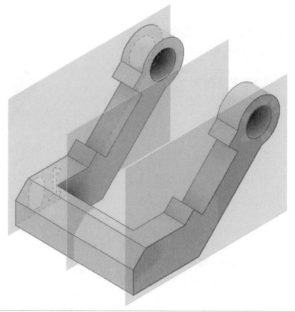

13

중간평면이 생성된 상태

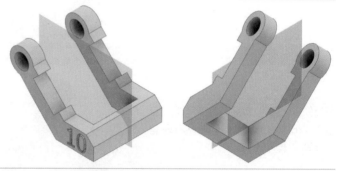

14

완성된 부품 ①을 [다른 이름으로 저
장]에서 파일의 확장자를 Autodesk
Inventor 부품으로 선택하여 파일명.ipt
로 저장한다.

완성된 부품 ①을 [다른 이름으로 저
장]-[다른 이름으로 사본 저장]에서 파
일의 확장자를 STEP 파일로 선택하여
파일명.stp로 저장한다.

(2) 부품 ② 모델링하기

01

부품 ②를 모델링하기 위해 부품 템플릿( Standard.ipt)을 클릭하여 새 파일 작성을 시작한다.

02

스케치 작업을 위해 2D 스케치 시작(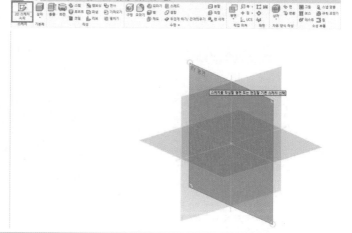 2D 스케치 시작)을 클릭하고 X-Y좌표 평면을 스케치할 평면으로 선택한다.

03

부품 ②의 스케치 형상을 치수에 맞게 스케치한다.

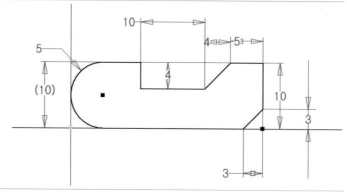

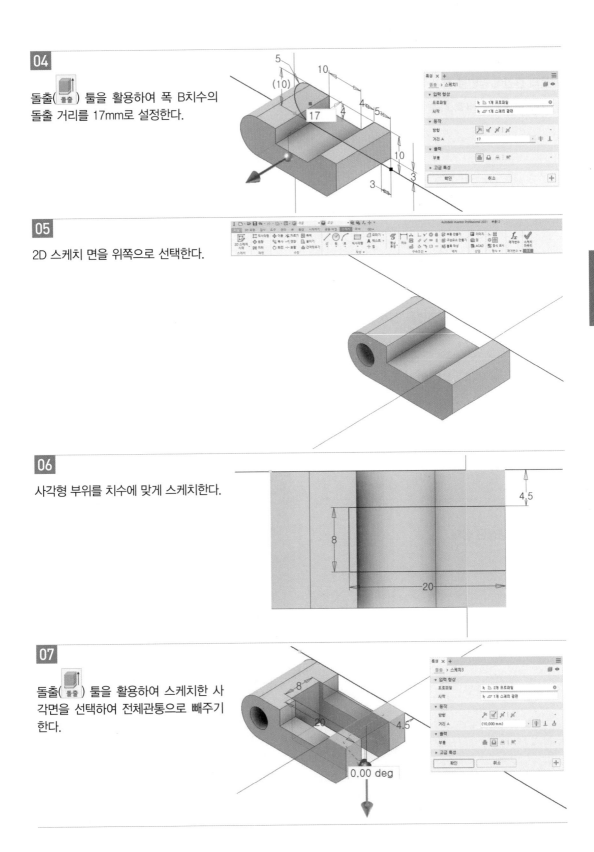

04

돌출( ) 툴을 활용하여 폭 B치수의
돌출 거리를 17mm로 설정한다.

05

2D 스케치 면을 위쪽으로 선택한다.

06

사각형 부위를 치수에 맞게 스케치한다.

07

돌출( ) 툴을 활용하여 스케치한 사
각면을 선택하여 전체관통으로 빼주기
한다.

부품의 중간에 평면을 잡기 위해 두 평
면 사이의 중간평면( )을 선택한다.

09

양쪽 면을 선택하여 중간평면을 생성
한다.

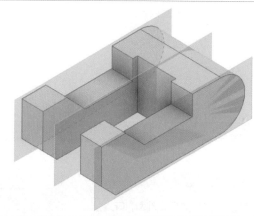

10

중간평면이 생성된 상태

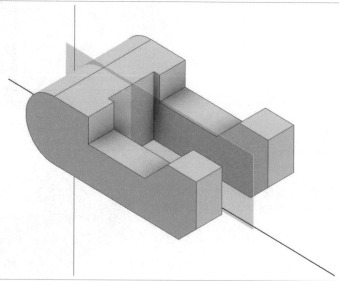

11

중간평면을 2D 스케치 면으로 선택하여 [F7]을 눌러 그래픽슬라이스를 하고 절단 모서리 투영(절단 모서리 투영)을 하면 중심점이 생기며 이 점을 기준으로 5mm 원을 그린다.

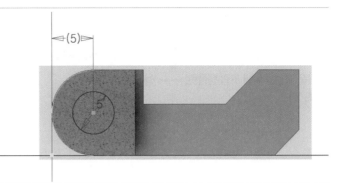

12

돌출(돌출) 툴을 활용하여 스케치한 원을 선택해 양방향으로 32mm 더하기 돌출시킨다.

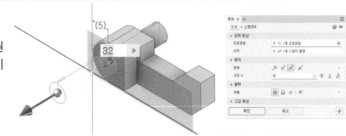

13

부품 ② 완성

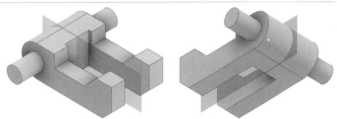

14

완성된 부품 ②를 [다른 이름으로 저장]에서 파일의 확장자를 Autodesk Inventor 부품으로 선택하여 파일명.ipt로 저장한다.

15

완성된 부품 ②를 [다른 이름으로 저장]-[다른 이름으로 사본 저장]에서 파일의 확장자를 STEP 파일로 선택하여 파일명.stp로 저장한다.

(3) 부품 ①, ② 조립하기

01

조립품 작성을 위해 조립 템플릿(Standard.iam)을 선택한다.

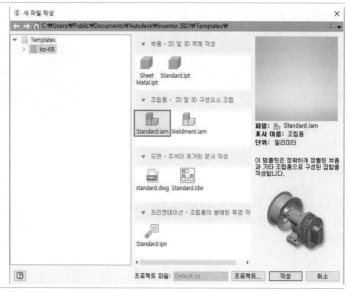

02

조립을 위해 작성(작성) 툴을 클릭하여 구성요소 배치 대화창을 활성화한다. 이때 부품 ①, ②를 선택하여 연다.

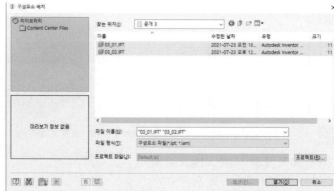

03

부품 ①, ②를 불러와 조립창에 배치한 상태

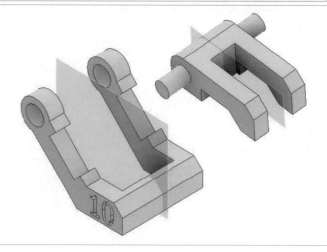

04

구속조건 배치에서 메이트()를 선택하여 두 부품의 중간평면을 클릭하여 구속시킨다.

05

조립을 위해 구속조건(구속) 툴을 이용하여 메이트(ᄆ)를 선택하고 구멍과 축의 중심을 선택한다.

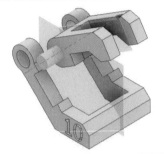

06

중심축이 맞은 상태에서 구멍과 축을 구속시킨다.

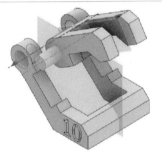

07

조립부의 공차를 확인한다.

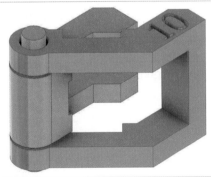

08

조립이 완료된 상태

09

[다른 이름으로 저장]에서 파일의 확장자를 Autodesk Inventor 조립품으로 선택하여 파일명.iam으로 저장한다. 그리고 [다른 이름으로 사본 저장]에서 파일의 확장자를 STEP 파일로 선택하여 파일명.stp로 저장한다.

10

[파일]–[인쇄(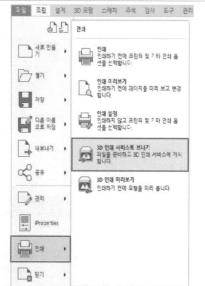 인쇄)]–[3D 인쇄 서비스로 보내기]를 선택한다.

11

[3D 인쇄 서비스로 보내기]에서 [옵션]을 선택한 후 단위를 '밀리미터'로, 해상도를 '높음'으로 설정하고 파일의 확장자를 STL 파일로 선택하여 파일명.stl로 저장한다.

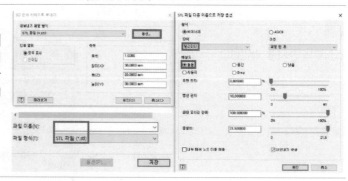

12

공개도면과 출력물 비교

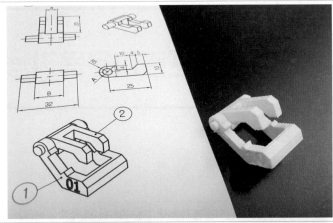

13

3D프린터 출력 완성

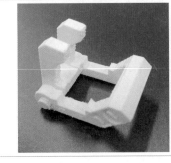 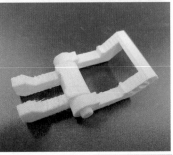

※ 최종 파일 제출 시 최종 제출파일 목록에 맞게 파일명을 변경해서 제출할 것

자격종목	3D프린터운용기능사	[시험 1] 과제명	3D모델링작업	척도	NS

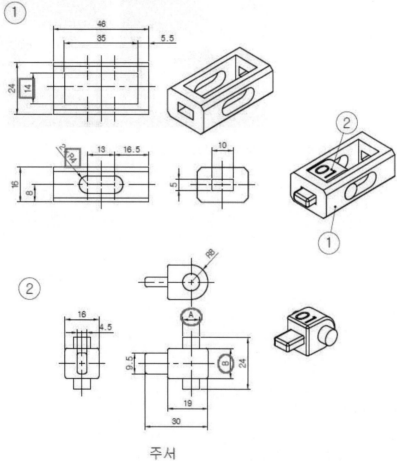

주서
1. 도시되고 지시없는 모떼기는 C2, 라운드는 R1

[조립 관련 치수 수정]
A=8이지만 조립을 위해 **7**로 수정
B=**14**이지만 조립을 위해 **13**으로 수정하여 사이 간격이 **0.5mm**가 되게 한다.

(1) 부품 ① 모델링하기

01

부품 ①을 모델링하기 위해 부품 템플릿(Standard.ipt)을 클릭하여 새 파일 작성을 시작한다.

02

스케치 작업을 위해 2D 스케치 시작(2D 스케치 시작)을 클릭하고 X-Y좌표 평면을 스케치할 평면으로 선택한다.

03

부품 ①의 스케치 형상을 치수에 맞게 스케치한다. 치수(치수) 구속조건을 활용하여 정확한 치수를 기입한다.

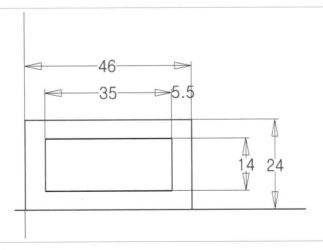

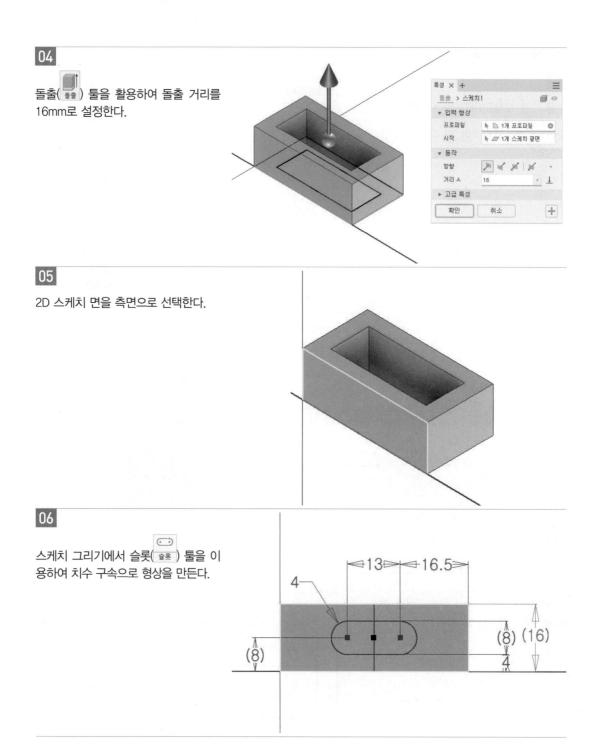

04

돌출( ) 툴을 활용하여 돌출 거리를
16mm로 설정한다.

05

2D 스케치 면을 측면으로 선택한다.

06

스케치 그리기에서 슬롯(슬롯) 툴을 이
용하여 치수 구속으로 형상을 만든다.

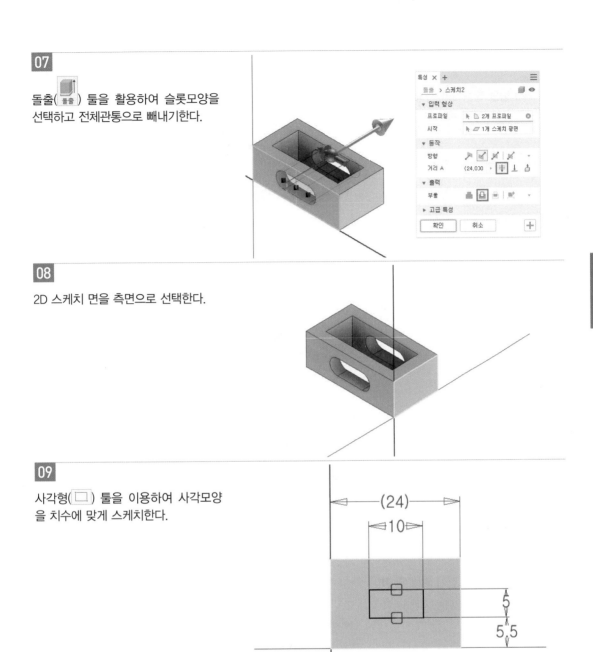

07

돌출( ) 툴을 활용하여 슬롯모양을 선택하고 전체관통으로 빼내기한다.

08

2D 스케치 면을 측면으로 선택한다.

09

사각형( ) 툴을 이용하여 사각모양을 치수에 맞게 스케치한다.

10

돌출(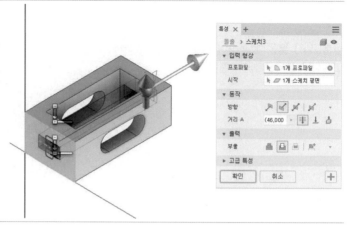) 툴을 활용하여 사각형 모양
을 선택하고 전체관통으로 빼내기한다.

11

지시없는 모떼기의 크기는 C2로 각 모
서리를 모따기해 준다.

12

부품 ① 완성

13

부품의 중간에 평면을 잡기 위해 두 평
면 사이의 중간평면()을 선택한다.

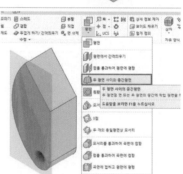

14

중간평면이 생성된 상태로 저장을 한다.

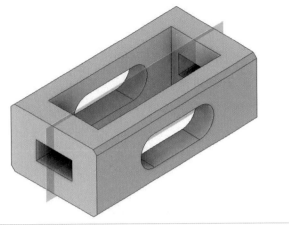

15

완성된 부품 ①을 [다른 이름으로 저장]에서 파일의 확장자를 Autodesk Inventor 부품으로 선택하여 파일명.ipt 로 저장한다.

16

완성된 부품 ①을 [다른 이름으로 저장]-[다른 이름으로 사본 저장]에서 파일의 확장자를 STEP 파일로 선택하여 파일명.stp로 저장한다.

(2) 부품 ② 모델링하기

01

부품 ②를 모델링하기 위해 부품 템플
릿(Standard.ipt)을 클릭하여 새 파일 작성을
시작한다.

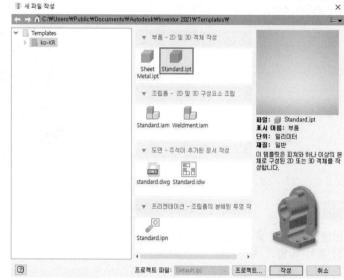

02

스케치 작업을 위해 2D 스케치 시작
(2D 스케치 시작)을 클릭하고 X–Y좌표 평면을 스
케치할 평면으로 선택한다.

03

부품 ②의 스케치 형상을 치수에 맞게
스케치한다.

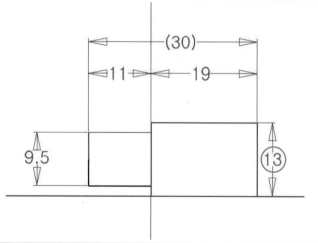

04

돌출( ) 툴을 활용하여 돌출 거리를
대칭으로 16mm로 설정한다. 평면도에
폭 값이 R8로 나와 있으므로 크기를
16mm로 한다.

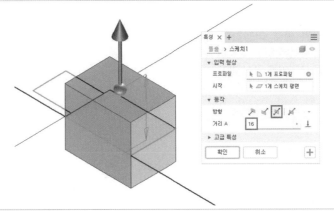

05

돌출( ) 툴을 활용하여 작은 사각
형을 선택해 돌출 거리를 대칭으로
4.5mm 돌출시킨다.

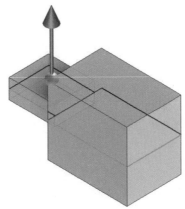

06

형상을 회전시켜 모깎기할 준비를 한다.

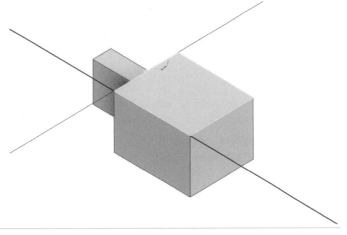

07

모깎기 툴을 이용하여 반지름 값을 8mm로 설정하고 모서리 두 곳을 선택하여 모깎기를 완성한다.

08

부품의 중간에 평면을 잡기 위해 두 평면 사이의 중간평면()을 선택한다.

09

중간평면을 스케치 면으로 잡고 절단 모서리 투영을 활용하여 중심점에 A값인 7mm 원을 스케치한다.

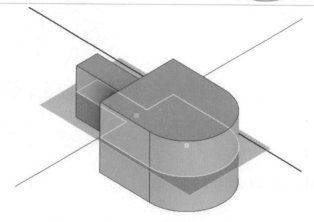

10

돌출(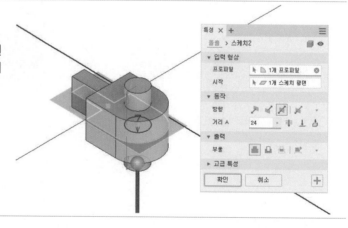) 툴을 활용하여 스케치한 원을 선택하여 양방향으로 24mm 더하기 돌출시킨다.

11

도시되고 지시없는 라운드 R1을 만들기 위해 모깎기 툴을 이용하여 각 모서리를 모깎기한다.

12

부품 ②에 비번호 각인을 위해 위쪽 면을 2D 스케치 면으로 선택한다.

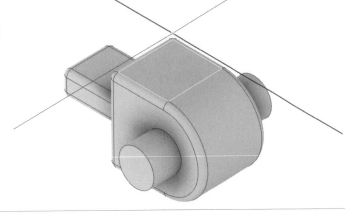

13

비번호 각인을 위해 텍스트(A 텍스트) 툴을 선택하여 적당한 글씨 크기로 번호를 기입한다.

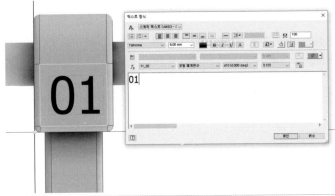

14

돌출(돌출) 툴을 활용하여 차집합으로 돌출 거리를 1mm로 설정하여 문자를 음각으로 만들어 준다.

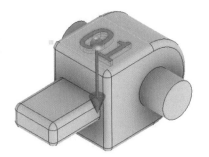

15

부품 ② 완성

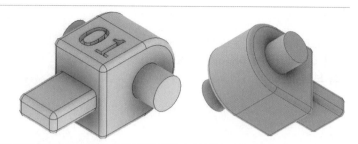

16

완성된 부품 ②를 [다른 이름으로 저장]에서 파일의 확장자를 Autodesk Inventor 부품으로 선택하여 파일명.ipt로 저장한다.

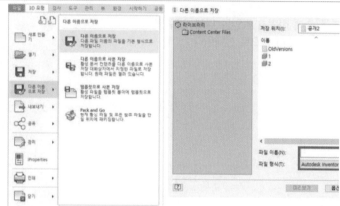

17

완성된 부품 ②를 [다른 이름으로 저장]-[다른 이름으로 사본 저장]에서 파일의 확장자를 STEP 파일로 선택하여 파일명.stp로 저장한다.

(3) 부품 ①, ② 조립하기

01

조립품 작성을 위해 조립 템플릿(Standard.iam)을 선택한다.

02

조립을 위해 작성(작성) 툴을 클릭하여 구성요소 배치 대화창을 활성화한다. 이때 부품 ①, ②를 선택하여 연다.

03

부품 ①, ②를 불러와 조립창에 배치한 상태

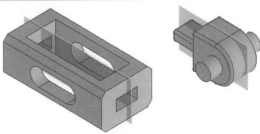

04

구속조건(툴을 이용하여 조립을 위해 메이트()를 선택하고 구멍과 축의 중심을 잡으면 솔루션에 같은 방향으로 조립이 자동 생성된다.

05

구속조건 배치에서 메이트(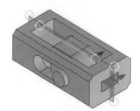)를 선택하여 두 부품의 중간평면을 클릭하여 구속시킨다.

06

조립상태를 확인한다.

07

[다른 이름으로 저장]에서 파일의 확장자를 Autodesk Inventor 조립품으로 선택하여 파일명.iam으로 저장한다. 그리고 [다른 이름으로 사본 저장]에서 파일의 확장자를 STEP 파일로 선택하여 파일명.stp로 저장한다.

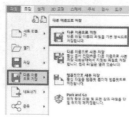

08

[파일]–[인쇄(인쇄)]–[3D 인쇄 서비스로 보내기]를 선택한다.

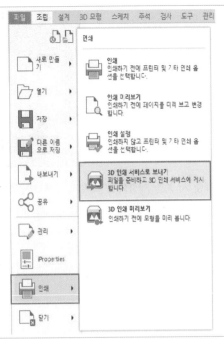

09

[3D 인쇄 서비스로 보내기]에서 [옵션]을 선택한 후 단위를 '밀리미터'로, 해상도를 '높음'으로 설정하고 파일의 확장자를 STL 파일로 선택하여 파일명.stl로 저장한다.

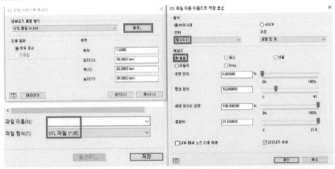

10

공개도면과 출력물 비교

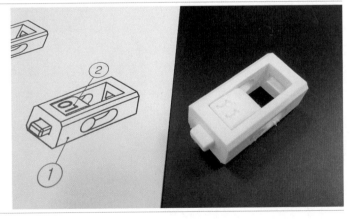

3D프린터 출력 완성

※ 최종 파일 제출 시 최종 제출파일 목록에 맞게 파일명을 변경해서 제출할 것

3D프린터운용기능사 자격증 대비과정

3D프린터운용기능사 공개도면 12

CHAPTER 12

PART 03

3D프린터운용기능사 공개도면

자격종목	3D프린터운용기능사	[시험 1] 과제명	3D모델링작업	척도	NS

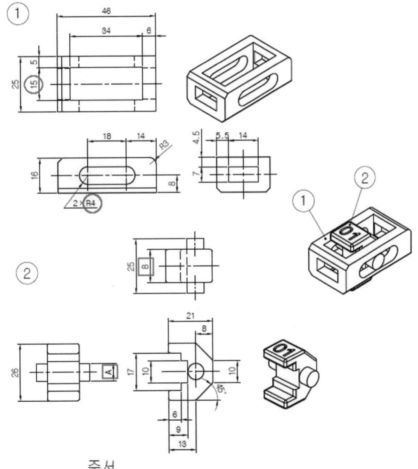

주서
1. 도시되고 지시없는 모떼기는 C2, 라운드는 R1

[조립 관련 치수 수정]
A=8이지만 조립을 위해 7로 수정
B=15이지만 조립을 위해 14로 수정하여 사이 간격이 0.5mm가 되게 한다.

(1) 부품 ① 모델링하기

01

부품 ①을 모델링하기 위해 부품 템플 릿(Standard.ipt)을 클릭하여 새 파일 작성을 시작한다.

02

스케치 작업을 위해 2D 스케치 시작 (2D 스케치 시작)을 클릭하고 X–Y좌표 평면을 스 케치할 평면으로 선택한다.

03

부품 ①의 스케치 형상을 치수에 맞게 스케치한다. 치수(치수) 구속조건을 활 용하여 정확한 치수를 기입한다.

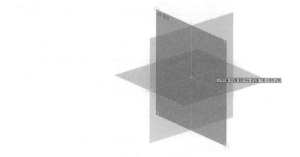
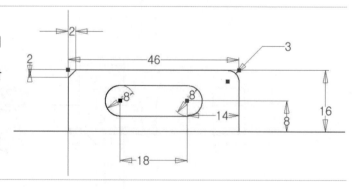

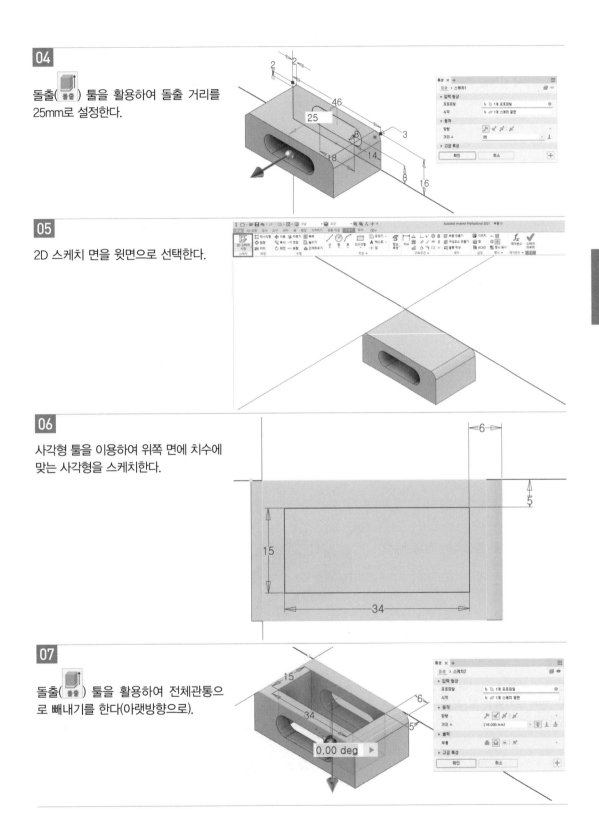

04

돌출( ) 툴을 활용하여 돌출 거리를
25mm로 설정한다.

05

2D 스케치 면을 윗면으로 선택한다.

06

사각형 툴을 이용하여 위쪽 면에 치수에
맞는 사각형을 스케치한다.

07

돌출( ) 툴을 활용하여 전체관통으
로 빼내기를 한다(아랫방향으로).

08

2D 스케치 시작을 측면으로 선택한다.

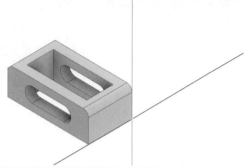

09

스케치 면에 사각형 툴을 이용하여
치수에 맞는 사각형을 스케치한다.

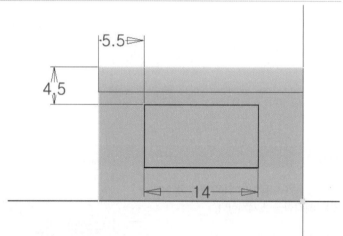

10

돌출(돌출) 툴을 활용하여 전체관통으
로 빼내기를 한다.

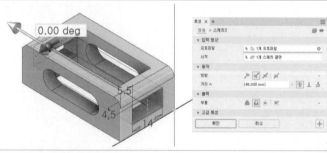

11

모따기 툴을 이용하여 아래쪽 모서리
두 곳에 도시되고 지시없는 모따기 C2
를 만들어 준다.

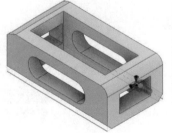

12

부품의 중간에 평면을 잡기 위해 두 평면 사이의 중간평면( )을 선택한다.

13

두 평면 사이의 중간평면( )을 선택하기 위해 양쪽 면을 선택한다.

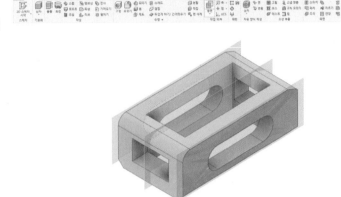

14

부품 ①이 완성된 것을 확인하고 중간평면이 설정된 상태에서 저장을 한다.

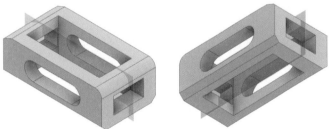

15

완성된 부품 ①을 [다른 이름으로 저장]에서 파일의 확장자를 Autodesk Inventor 부품으로 선택하여 파일명.ipt로 저장한다.

16

완성된 부품 ①을 [다른 이름으로 저
장]–[다른 이름으로 사본 저장]에서 파
일의 확장자를 STEP 파일로 선택하여
파일명.stp로 저장한다.

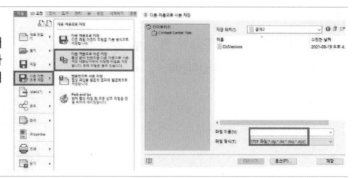

(2) 부품 ② 모델링하기

01

부품 ②를 모델링하기 위해 부품 템플릿(Standard.ipt)을 클릭하여 새 파일 작성을 시작한다.

02

스케치 작업을 위해 2D 스케치 시작(2D 스케치 시작)을 클릭하고 X-Y좌표 평면을 스케치할 평면으로 선택한다.

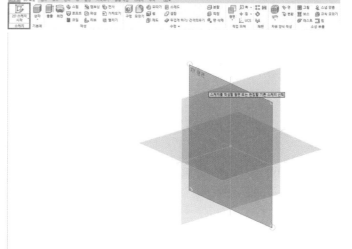

03

부품 ②의 스케치 형상을 치수에 맞게 스케치한다.

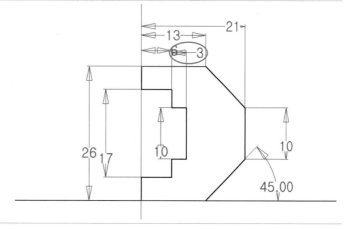

04

돌출(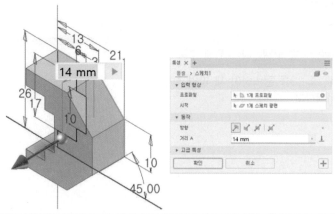) 툴을 활용하여 치수 B값인
돌출 거리를 14mm로 설정한다.

05

부품의 중간에 평면을 잡기 위해 두 평면
사이의 중간평면()을 선택한다.

06

두 평면 사이의 중간평면(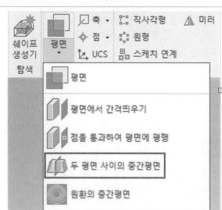)을 선택
하기 위해 양쪽 면을 선택한다.

07

중간평면을 선택하여 2D 스케치 시작
을 설정한다.

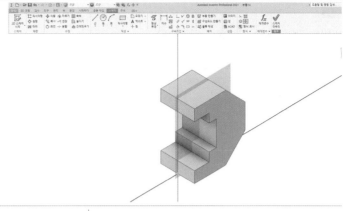

08

[F7]을 눌러 그래픽슬라이스 처리를 하
고 절단 모서리 투영(🔲 절단 모서리 투영)하여 모서
리 선을 활성화한다. 치수 A값인 7mm
원을 스케치한다.

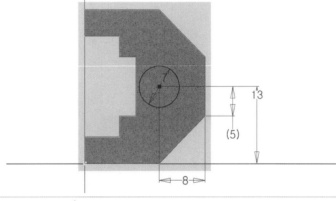

09

돌출(🔲 돌출) 툴을 활용하여 스케치한 원
을 선택하고 양방향으로 25mm 더하기
돌출시킨다.

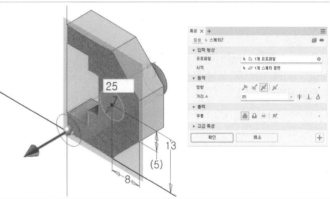

10

비번호 각인할 면을 선택하기 위해 2D
스케치(2D 스케치 시작)할 면을 선택한다.

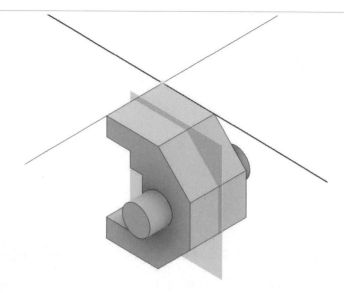

11

비번호 각인을 위해 텍스트(A 텍스트)
툴을 선택하여 적당한 글씨 크기로 번
호를 기입한다.

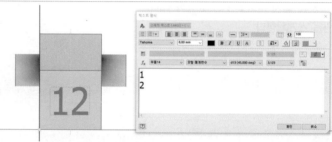

12

돌출(돌출) 툴을 활용하여 차집합으로
돌출 거리를 1mm로 설정해 문자를 음
각으로 만들어 준다.

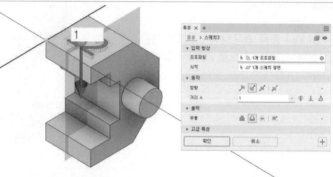

13

모깎기 툴을 이용하여 도시되고 지시
없는 라운드 R1 모서리를 만들어 준다.

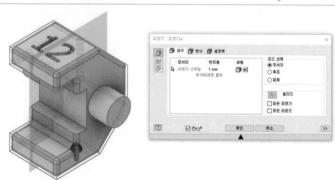

14

부품 ②를 완성한 상태이다. 중심평면
이 있는 상태에서 저장한다.

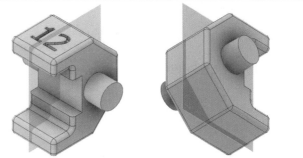

15

완성된 부품 ②를 [다른 이름으로 저장]
에서 파일의 확장자를 Autodesk
Inventor 부품으로 선택하여 파일명.ipt
로 저장한다.

16

완성된 부품 ②를 [다른 이름으로 저장]
-[다른 이름으로 사본 저장]에서 파일
의 확장자를 STEP 파일로 선택하여 파
일명.stp로 저장한다.

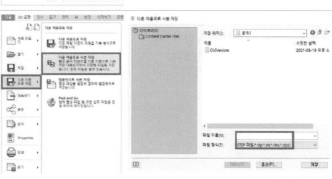

(3) 부품 ①, ② 조립하기

01

조립품 작성을 위해 조립 템플릿(Standard.iam)을 선택한다.

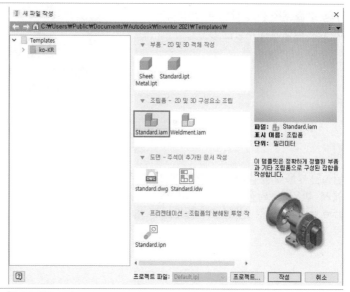

02

조립을 위해 작성(작성) 툴을 클릭하여 구성요소 배치 대화창을 활성화한다. 이때 부품 ①, ②를 선택하여 연다.

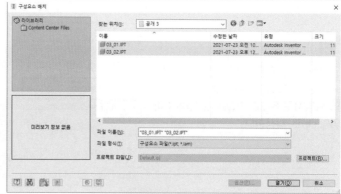

03

부품 ①, ②를 불러와 조립창에 배치한 상태

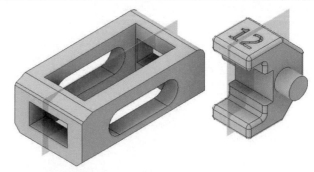

04

조립을 위해 구속조건(구속) 툴을 이용하여 메이트(메이트)를 선택하고 구멍과 축의 중심을 잡으면 솔루션에 같은 방향으로 조립이 자동 생성된다.

05

축과 구멍을 일치시킨다.

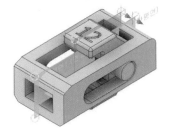

06

구멍과 축의 중심이 구속되었으면 부품 ①의 중심에 구속하기 위해 구속조건 배치(⬛)에서 메이트(⬛)를 선택하여 두 부품의 중간평면을 클릭하여 구속시킨다.

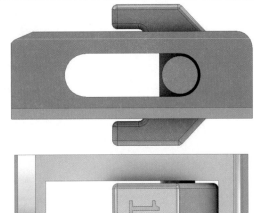

07

조립부위를 확인한다.

08

조립이 완료된 상태

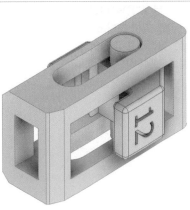

09

[다른 이름으로 저장]에서 파일의 확장자를 Autodesk Inventor 조립품으로 선택하여 파일명.iam으로 저장한다. 그리고 [다른 이름으로 사본 저장]에서 파일의 확장자를 STEP 파일로 선택하여 파일명.stp로 저장한다.

10

[파일]–[인쇄(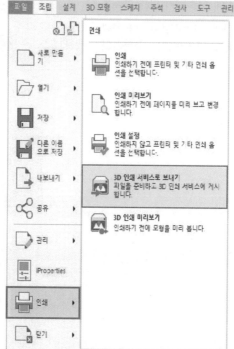 인쇄)]–[3D 인쇄 서비스로 보내기]를 선택한다.

11

[3D 인쇄 서비스로 보내기]에서 [옵션]을 선택한 후 단위를 '밀리미터'로, 해상도를 '높음'으로 설정하고 파일의 확장자를 STL 파일로 선택하여 파일명.stl로 저장한다.

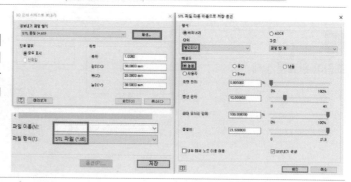

12

공개도면과 출력물 비교

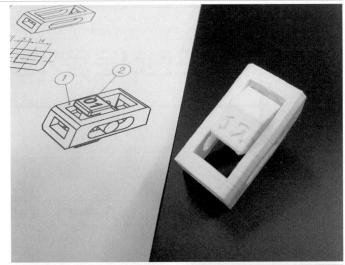

13

3D프린터 출력 완성

※ 최종 파일 제출 시 최종 제출파일 목록에 맞게 파일명을 변경해서 제출할 것

3D프린터운용기능사 공개도면 13

자격종목	3D프린터운용기능사	[시험 1] 과제명	3D모델링작업	척도	NS

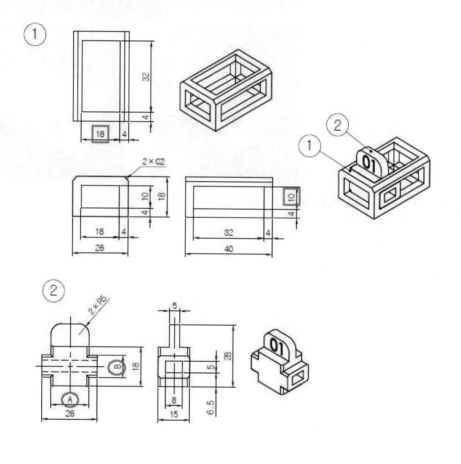

주서
1. 도시되고 지시없는 모떼기는 C1

[조립 관련 치수 수정]
A=18이지만 조립을 위해 17로 수정
B=10이지만 조립을 위해 9로 수정하여 사이 간격이 0.5mm가 되게 한다.

(1) 부품 ① 모델링하기

01

부품 ①을 모델링하기 위해 부품 템플 릿( )을 클릭하여 새 파일 작성을 시작한다.

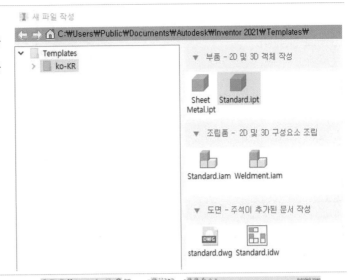

02

스케치 작업을 위해 2D 스케치 시작 ( )을 클릭하고 X–Y좌표 평면을 스 케치할 평면으로 선택한다.

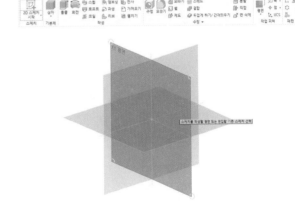

03

부품 ①의 스케치 형상을 치수에 맞게 스케치한다. 치수( ) 구속조건을 활 용하여 정확한 치수를 기입한다.

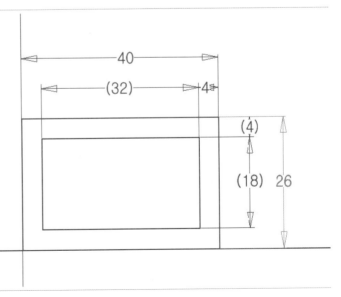

돌출( ) 툴을 활용하여 돌출 거리를
18mm로 설정한다.

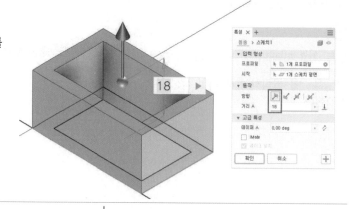

05

2D 스케치 시작(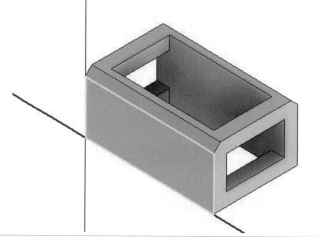)에서 측면을
스케치 면으로 선택한다.

06

스케치 면에 사각형 툴을 이용하여
치수에 맞게 스케치를 하고 모따기 부분
도 함께 스케치한다. 모따기 부분은 3D
모형에서 모따기(모따기) 툴로 수정해
도 된다.

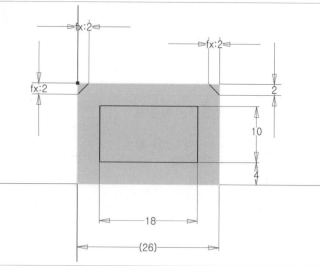

07

돌출(돌출) 툴을 이용하여 사각형 모양
과 모따기 부분을 프로파일로 잡아서
전체관통으로 빼주도록 한다.

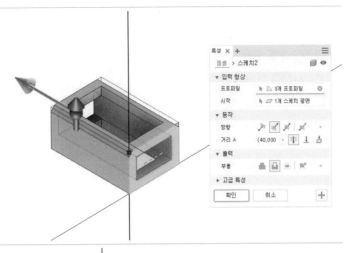

08

2D 스케치(⬚ 2D 스케치 시작)할 면을 측면으로 선
택한다.

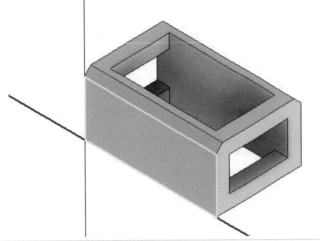

09

사각형 툴을 이용하여 스케치하고
치수로 구속한다.

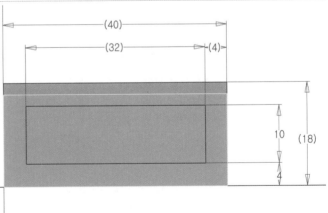

10

돌출(돌출) 툴을 활용하여 사각형을 선택하고 차집합(□)으로 전체를 관통하여 빼주기한다.

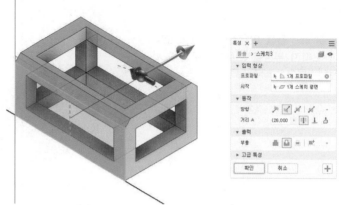

11

부품 ① 완성

12

완성된 부품 ①을 [다른 이름으로 저장]에서 파일의 확장자를 Autodesk Inventor 부품으로 선택하여 파일명.ipt로 저장한다.

13

완성된 부품 ①을 [다른 이름으로 저장]–[다른 이름으로 사본 저장]에서 파일의 확장자를 STEP 파일로 선택하여 파일명.stp로 저장한다.

(2) 부품 ② 모델링하기

01

부품 ②를 모델링하기 위해 부품 템플릿(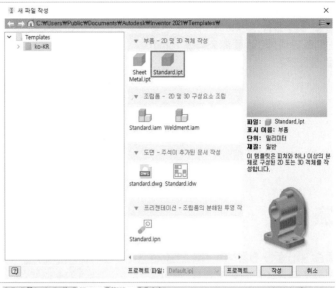 Standard.ipt)을 클릭하여 새 파일 작성을 시작한다.

02

스케치 작업을 위해 2D 스케치 시작( 2D 스케치 시작)을 클릭하고 X-Y좌표 평면을 스케치할 평면으로 선택한다.

03

부품 ②의 스케치 형상을 치수에 맞게 스케치한다.

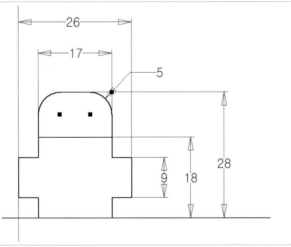

돌출(돌출) 툴을 활용하여 아래쪽 면을 선택하고 대칭으로 돌출 거리를 15mm 로 설정한다.

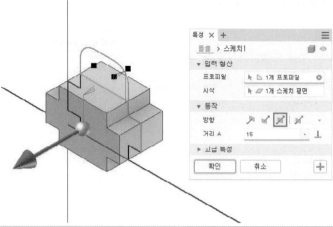

돌출(돌출) 툴을 활용하여 위쪽 면을 선택하고 대칭으로 돌출 거리를 5mm로 설정한다.

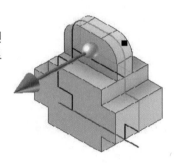

2D 스케치(2D 스케치 시작)할 측면부를 선택하고

절단 모서리 투영(절단 모서리 투영)을 클릭하여 모서리 선을 활성화시킨다.

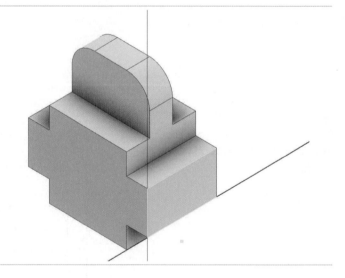

07

사각형 툴을 이용하여 치수에 맞게 사
각형을 스케치한다.

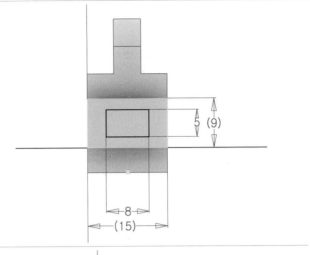

08

돌출( ) 툴을 활용하여 사각형을 선
택해 전체관통으로 빼내기한다.

09

비번호 각인을 위해 2D 스케치( )
할 측면부를 선택하고 절단 모서리 투

영( )을 클릭하여 모서리 선을 활
성화시킨다.

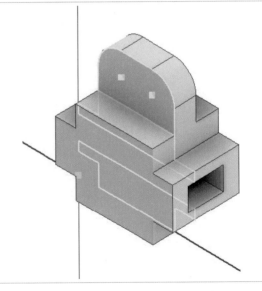

10

비번호 각인을 위해 텍스트(A 텍스트) 툴을 선택하여 적당한 글씨 크기로 번호를 기입한다.

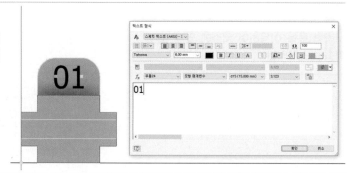

11

돌출(돌출) 툴을 활용하여 차집합으로 돌출 거리를 1mm로 설정해 문자를 음각으로 만들어 준다.

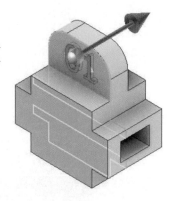

12

도시되고 지시없는 모따기 C1을 만들기 위해 모따기 툴을 이용하여 해당하는 모서리를 모따기해 준다.

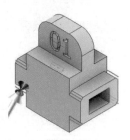

13

부품 ② 완성

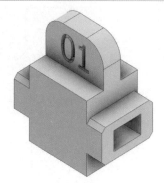
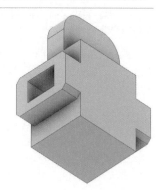

14

완성된 부품 ②를 [다른 이름으로 저장]에서 파일의 확장자를 Autodesk Inventor 부품으로 선택하여 파일명.ipt로 저장한다.

15

완성된 부품 ②를 [다른 이름으로 저장]-[다른 이름으로 사본 저장]에서 파일의 확장자를 STEP 파일로 선택하여 파일명.stp로 저장한다.

(3) 부품 ①, ② 조립하기

01

조립품 작성을 위해 조립 템플릿(Standard.iam)을 선택한다.

02

조립을 위해 작성(작성) 툴을 클릭하여 구성요소 배치 대화창을 활성화한다. 이때 부품 ①, ②를 선택하여 연다.

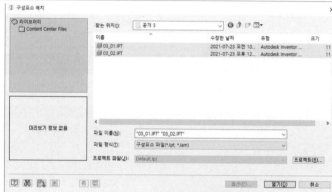

03

부품 ①, ②를 불러와 조립창에 배치한 상태

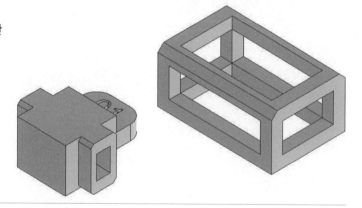

04

부품 ①을 열어 두 평면 사이의 중간평
면()을 생성한다.

05

부품 ②를 열어 두 평면 사이의 중간평
면( )을 생성한다.

06

중간평면이 생성된 상태

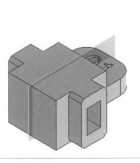

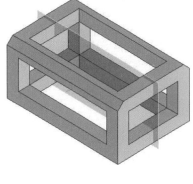

07

조립을 위해 구속조건(구속) 툴을 이용
하여 메이트( )를 선택하고, 조립부
에 면과 면을 선택하고 간격띄우기 값
을 0.5mm로 설정한다.

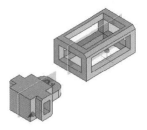

08

조립이 완료된 상태에서 조립 공차 부위를 확인한다.

 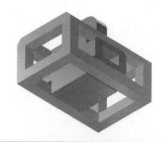

09

조립부위 확인

10

[다른 이름으로 저장]에서 파일의 확장자를 Autodesk Inventor 조립품으로 선택하여 파일명.iam으로 저장한다. 그리고 [다른 이름으로 사본 저장]에서 파일의 확장자를 STEP 파일로 선택하여 파일명.stp로 저장한다.

11

[파일]-[인쇄(🖨 인쇄)]-[3D 인쇄 서비스로 보내기]를 선택한다.

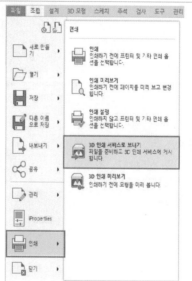

12

[3D 인쇄 서비스로 보내기]에서 [옵션]을 선택한 후 단위를 '밀리미터'로, 해상도를 '높음'으로 설정하고 파일의 확장자를 STL 파일로 선택하여 파일명.stl로 저장한다.

13

공개도면과 출력물 비교

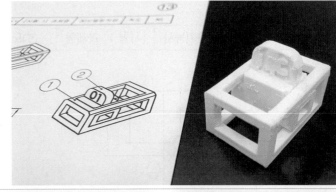

14

3D프린터 출력 완성

※ 최종 파일 제출 시 최종 제출파일 목록에 맞게 파일명을 변경해서 제출할 것

3D프린터운용기능사 자격증 대비과정

3D프린터운용기능사 공개도면 14

CHAPTER
1 4

자격종목	3D프린터운용기능사	[시험 1] 과제명	3D모델링작업	척도	NS

주서
1. 도시되고 지시없는 모떼기는 C3

[조립 관련 치수 수정]
A=6이지만 조립을 위해 5로 수정
B=8이지만 조립을 위해 7로 수정하여 사이 간격이 0.5mm가 되게 한다.

(1) 부품 ① 모델링하기

01

부품 ①을 모델링하기 위해 부품 템플릿(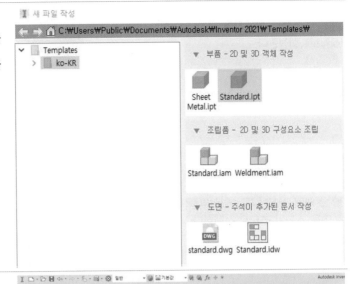)을 클릭하여 새 파일 작성을 시작한다.

02

스케치 작업을 위해 2D 스케치 시작()을 클릭하고 X–Y좌표 평면을 스케치할 평면으로 선택한다.

03

부품 ①의 스케치 형상을 치수에 맞게 스케치한다. 치수(치수) 구속조건을 활용하여 정확한 치수를 기입한다.

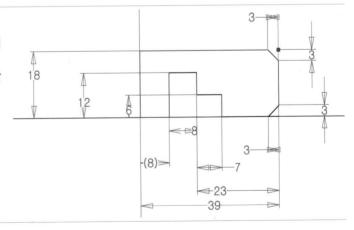

04

돌출(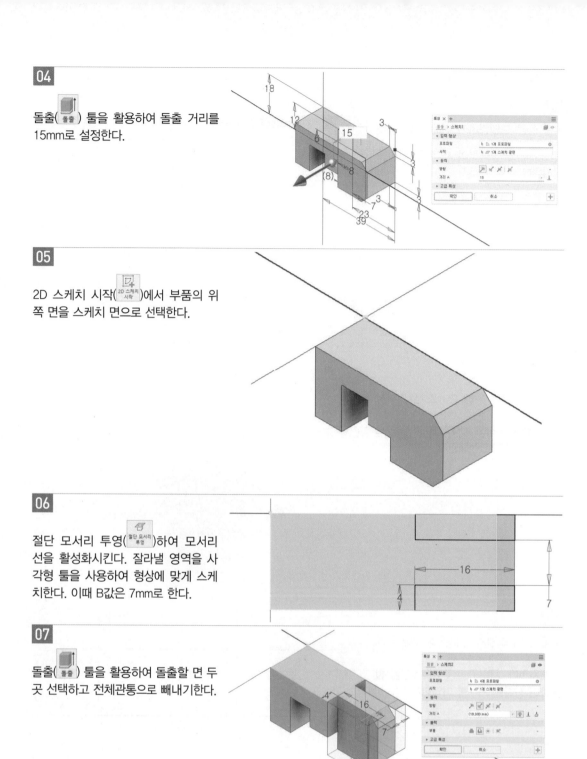) 툴을 활용하여 돌출 거리를
15mm로 설정한다.

05

2D 스케치 시작(   )에서 부품의 위
쪽 면을 스케치 면으로 선택한다.

06

절단 모서리 투영(   )하여 모서리
선을 활성화시킨다. 잘라낼 영역을 사
각형 툴을 사용하여 형상에 맞게 스케
치한다. 이때 B값은 7mm로 한다.

07

돌출(   ) 툴을 활용하여 돌출할 면 두
곳 선택하고 전체관통으로 빼내기한다.

08

중간평면을 잡기 위해 측면을 선택한다.

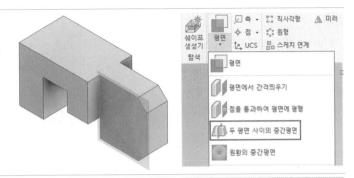

09

양쪽 측면을 선택한다.

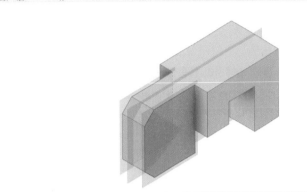

10

중간평면이 생성된 상태이다. 2D 스케
치 시작(📐 2D 스케치 시작)에서 중간평면을 스케치
면으로 선택한다.

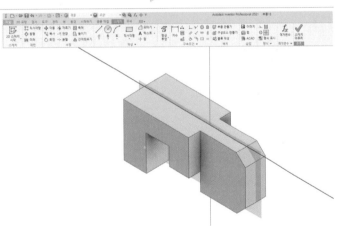

11

[F7]을 눌러 그래픽슬라이스를 한 후 스케치 면을 절단 모서리 투영( )하여 모서리 선을 활성화시킨다. 치수 A값인 5mm 원을 스케치한다.

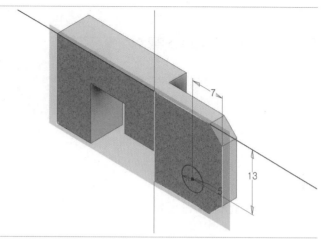

12

돌출( ) 툴을 활용하여 돌출할 원을 선택하고 대칭( )으로 돌출 거리를 15mm로 설정해 더하기해 준다.

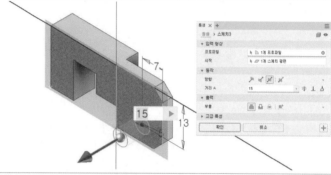

13

비번호 각인할 면을 선택하기 위해 2D 스케치( )할 윗면을 선택한다.

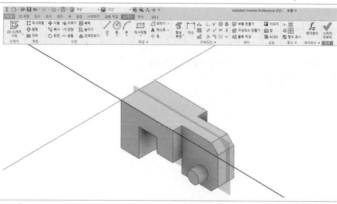

14

비번호 각인을 위해 텍스트(A 텍스트) 툴을 선택하여 적당한 글씨 크기로 번호를 기입한다.

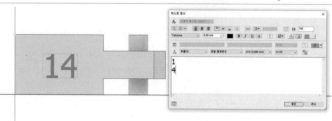

15

돌출( ) 툴을 활용하여 차집합으로 돌출 거리를 1mm로 설정해 문자를 음각으로 만들어 준다.

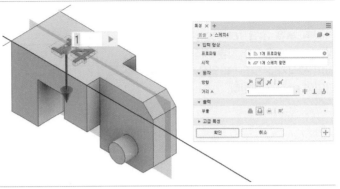

16

모깎기 툴을 이용하여 해당하는 모서리에 R3으로 모깎기를 해 준다.

17

중간평면이 생성된 상태에서 부품 ① 완성

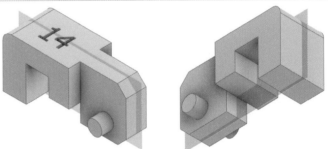

18

완성된 부품 ①을 [다른 이름으로 저장]에서 [다른 이름으로 저장]에서 파일의 확장자를 Autodesk Inventor 부품으로 선택하여 파일명.ipt로 저장한다.

19

완성된 부품 ①을 [다른 이름으로 저
장]–[다른 이름으로 사본 저장]에서 파
일의 확장자를 STEP 파일로 선택하여
파일명.stp로 저장한다.

(2) 부품 ② 모델링하기

01

부품 ②를 모델링하기 위해 부품 템플릿(Standard.ipt)을 클릭하여 새 파일 작성을 시작한다.

02

스케치 작업을 위해 2D 스케치 시작(2D 스케치 시작)을 클릭하고 X-Y좌표 평면을 스케치할 평면으로 선택한다.

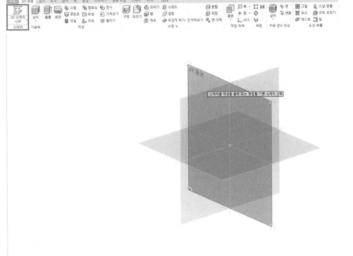

03

부품 ②의 스케치 형상을 치수에 맞게 스케치한다.

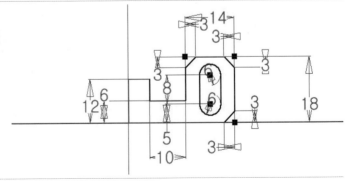

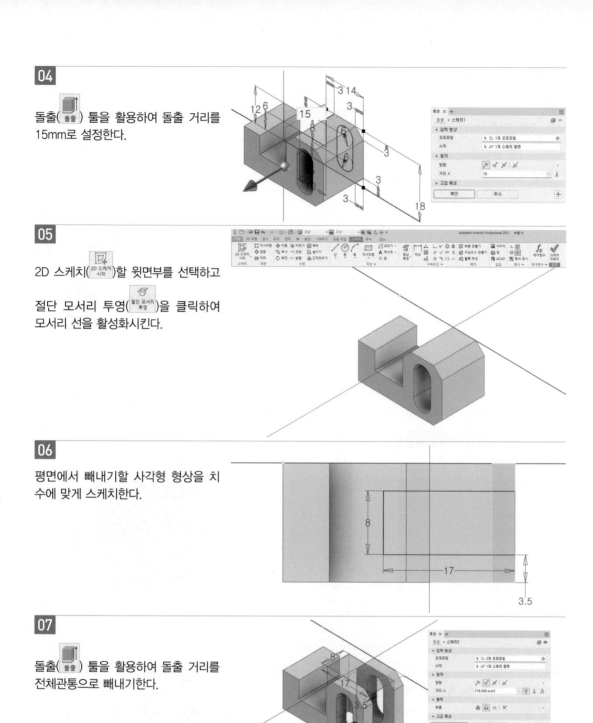

04

돌출(돌출) 툴을 활용하여 돌출 거리를
15mm로 설정한다.

05

2D 스케치(2D 스케치 시작)할 윗면부를 선택하고

절단 모서리 투영(절단 모서리 투영)을 클릭하여
모서리 선을 활성화시킨다.

06

평면에서 빼내기할 사각형 형상을 치
수에 맞게 스케치한다.

07

돌출(돌출) 툴을 활용하여 돌출 거리를
전체관통으로 빼내기한다.

08

중간평면을 잡기 위해 측면을 선택한다.

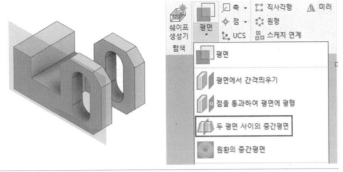

09

반대쪽 면도 선택하여 중간평면을 생성한다.

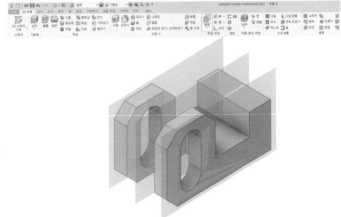

10

중간평면이 만들어진 상태로 저장을 한다.

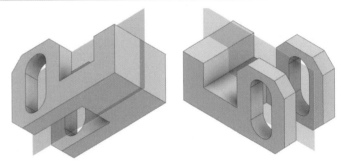

11

완성된 부품 ②를 [다른 이름으로 저장]에서 파일의 확장자를 Autodesk Inventor 부품으로 선택하여 파일명.ipt로 저장한다.

12

완성된 부품 ②를 [다른 이름으로 저장]–[다른 이름으로 사본 저장]에서 파일의 확장자를 STEP 파일로 선택하여 파일명.stp로 저장한다.

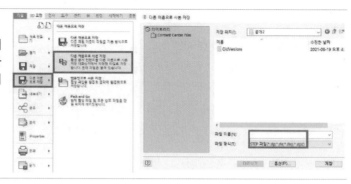

(3) 부품 ①, ② 조립하기

01

조립품 작성을 위해 조립 템플릿(Standard.iam)을 선택한다.

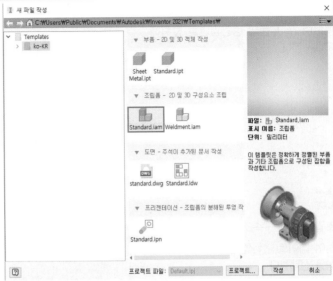

02

조립을 위해 작성(작성) 툴을 클릭하여 구성요소 배치 대화창을 활성화한다. 이때 부품 ①, ②를 선택하여 연다.

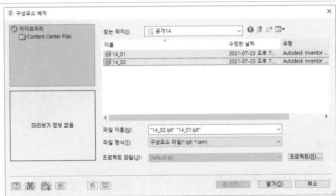

03

부품 ①, ②를 불러와 조립창에 배치한 상태

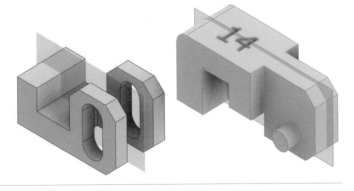

04

구속조건 배치에서 메이트()를 선택하여 두 부품의 중간평면을 클릭해 구속시킨다.

05

조립을 위해 구속조건() 툴을 이용하여 메이트( ) 를 선택하고 축의 중심을 선택한다.

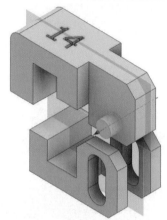

06

슬롯의 아래쪽 중심을 선택하여 조립한다.

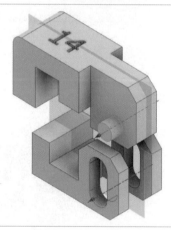

07

조립상태 확인

08

조립이 완료된 상태

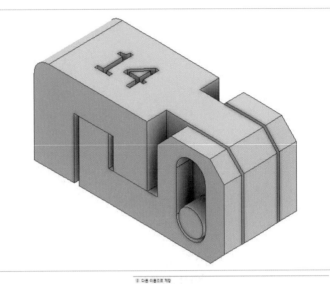

09

[다른 이름으로 저장]에서 파일의 확장자를 Autodesk Inventor 조립품으로 선택하여 파일명.iam으로 저장한다. 그리고 [다른 이름으로 사본 저장]에서 파일의 확장자를 STEP 파일로 선택하여 파일명.stp로 저장한다.

10

[파일]-[인쇄(🖨 인쇄)]-[3D 인쇄 서비
스로 보내기]를 선택한다.

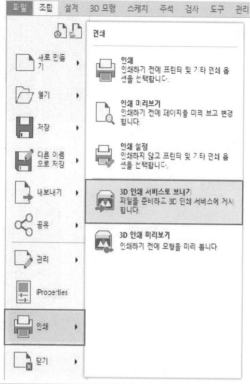

11

[3D 인쇄 서비스로 보내기]에서 [옵션]
을 선택한 후 단위를 '밀리미터'로, 해
상도를 '높음'으로 설정하고 파일의 확
장자를 STL 파일로 선택하여 파일명.stl
로 저장한다.

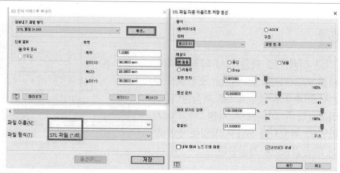

공개도면과 출력물 비교

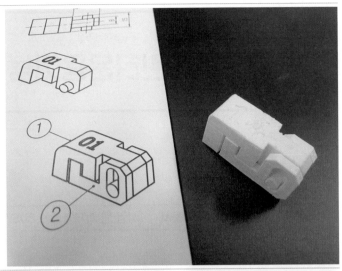

13

3D프린터 출력 완성

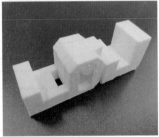

※ 최종 파일 제출 시 최종 제출파일 목록에 맞게 파일명을 변경해서 제출할 것

자격종목	3D프린터운용기능사	[시험 1] 과제명	3D모델링작업	척도	NS

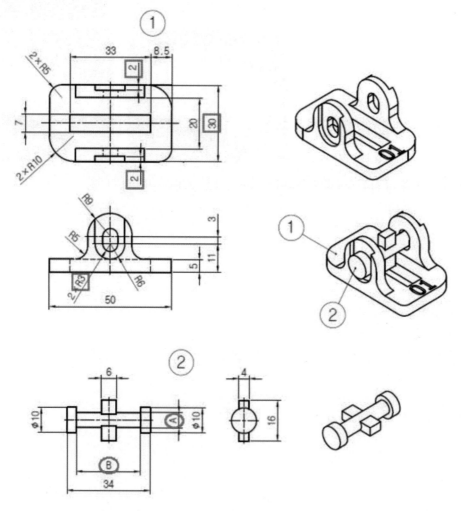

[조립 관련 치수 수정]

A=6이지만 조립을 위해 5로 수정

B=26이지만 조립을 위해 27로 수정하여 사이 간격이 0.5mm가 되게 한다.

(치수 B=30−2−2=26)

(1) 부품 ① 모델링하기

01

부품 ①을 모델링하기 위해 부품 템플 릿(Standard.ipt)을 클릭하여 새 파일 작성을 시작한다.

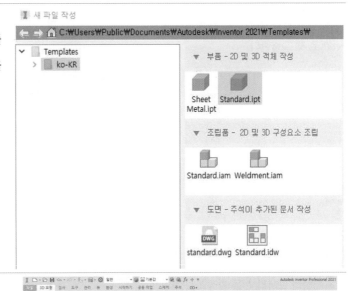

02

스케치 작업을 위해 2D 스케치 시작 (2D 스케치 시작)을 클릭하고 X-Y좌표 평면을 스 케치할 평면으로 선택한다.

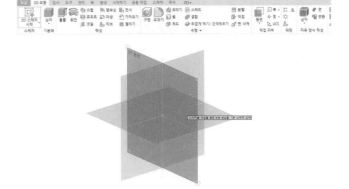

03

부품 ①의 스케치 형상을 치수에 맞게 스케치한다. 먼저 평면도 형상을 치수 (치수) 구속조건을 활용하여 정확한 치 수를 기입한다.

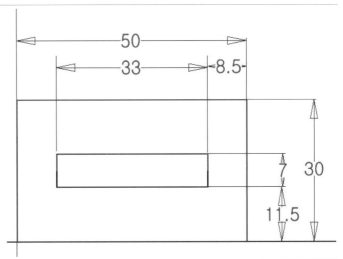

돌출(돌출) 툴을 활용하여 돌출 거리를
5mm로 해 돌출한다.

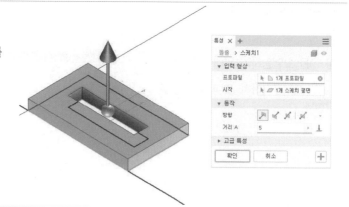

05

2D 스케치 시작( )에서 측면을 스케
치 면으로 선택한다. 절단 모서리 투영
( )하여 모서리 선을 활성화시킨다.

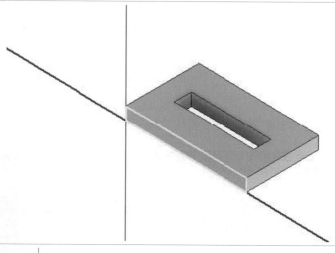

06

정면도에 나와 있는 치수대로 치수
(치수) 구속조건을 활용하여 정확하게
스케치한다.

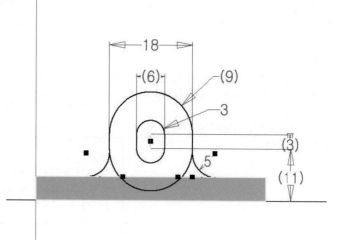

07

돌출(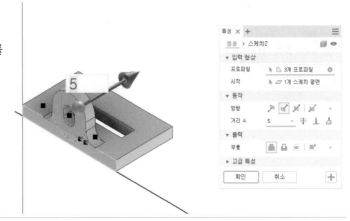) 툴을 활용하여 돌출 거리를
5mm로 해 돌출한다.

08

2D 스케치 시작( )에서 측면을 스케
치 면으로 선택한다. 절단 모서리 투영
( )하여 모서리 선을 활성화시킨다.

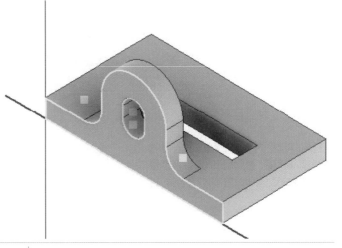

09

정면도에 나와 있는 치수대로 치수
( ) 구속조건을 활용하여 정확하게
스케치한다.

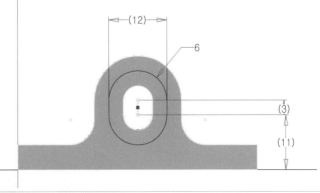

10

돌출(돌출) 툴을 활용하여 돌출 거리를
2mm로 해 빼내기한다.

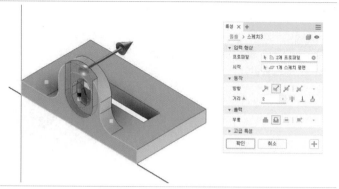

11

부품의 중간에 평면을 잡기 위해 두 평
면 사이의 중간평면( )을 선택하여
중간평면을 생성한다.

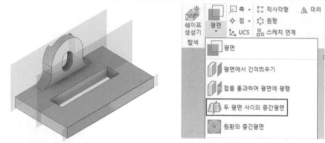

12

패턴의 미러(△ 미러) 툴을 활용하여
대칭할 피쳐를 선택하고 중간평면을
미러평면으로 선택하여 대칭형상을 완
성한다.

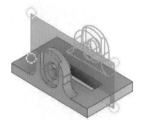

13

대칭형상이 완성된 상태

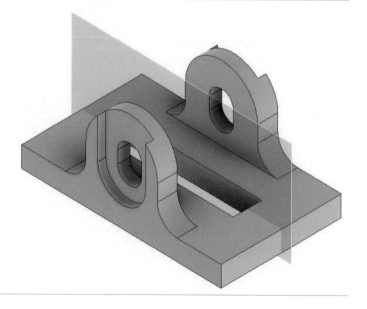

14

비번호 각인할 면을 선택하기 위해 바
닥면을 2D 스케치(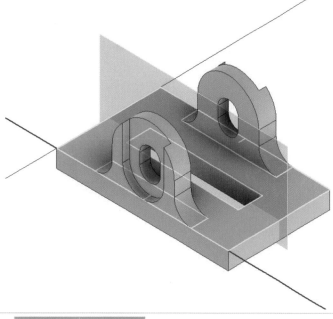)할 면으로 선
택한다.

15

비번호 각인을 위해 텍스트(A 텍스트)
툴을 선택하여 적당한 글씨 크기로 번
호를 기입한다.

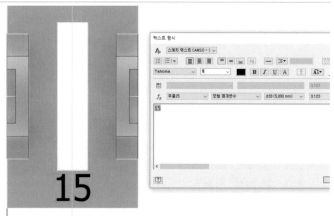

16

돌출(돌출) 툴을 활용하여 차집합으로
돌출 거리를 1mm로 설정해 문자를 음
각으로 만들어 준다.

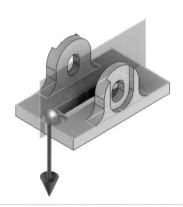

17

도면에 나타난 R10 모깎기를 하기 위해 모깎기() 툴을 이용하여 모서리 형상을 완성한다.

18

R5 모깎기를 위해 반지름을 5로 변경하고 해당하는 모서리를 선택하여 모깎기를 완성한다.

19

완성된 부품 ①을 [다른 이름으로 저장]에서 파일의 확장자를 Autodesk Inventor 부품으로 선택하여 파일명.ipt로 저장한다.

20

완성된 부품 ①을 [다른 이름으로 저장]-[다른 이름으로 사본 저장]에서 파일의 확장자를 STEP 파일로 선택하여 파일명.stp로 저장한다.

(2) 부품 ② 모델링하기

01

부품 ②를 모델링하기 위해 부품 템플릿(Standard.ipt)을 클릭하여 새 파일 작성을 시작한다.

02

스케치 작업을 위해 2D 스케치 시작(2D 스케치 시작)을 클릭하고 X-Y좌표 평면을 스케치할 평면으로 선택한다.

03

회전체로 만들기 위해 부품 ②의 절반 형상만을 치수에 맞게 사각형 툴을 이용하여 스케치한다.

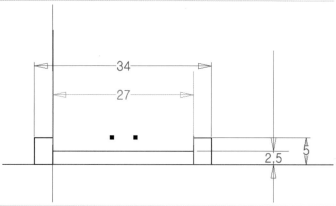

04

회전() 툴을 이용하여 프로파일을
선택해 회전체를 완성한다.

05

부품의 중간에 평면을 잡기 위해 두 평
면 사이의 중간평면()을 선택한다.

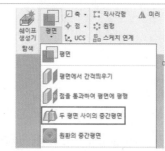

06

중간평면을 스케치 면으로 설정하고
[F7]를 눌러 그래픽슬라이스 처리하고
절단 모서리 투영(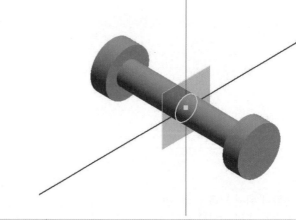)한다.

07

두 점 중심 사각형(▢) 툴을 활용하여
직사각형을 치수에 맞게 스케치한다.

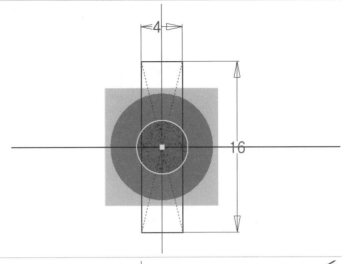

08

돌출(▤) 툴을 활용하여 스케치한 직
사각형을 선택해 양방향으로 6mm 더
하기 돌출시킨다.

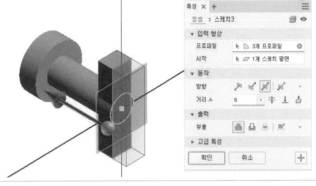

09

부품 ② 완성

10

완성된 부품 ②를 [다른 이름으로 저
장]에서 파일의 확장자를 Autodesk
Inventor 부품으로 선택하여 파일명.ipt
로 저장한다.

PART 03

3D프린터운용기능사 공개도면

11

완성된 부품 ②를 [다른 이름으로 저
장]-[다른 이름으로 사본 저장]에서 파
일의 확장자를 STEP 파일로 선택하여
파일명.stp로 저장한다.

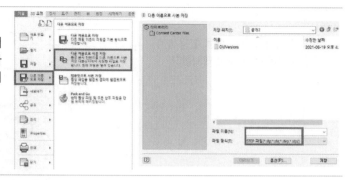

(3) 부품 ①, ② 조립하기

01

조립품 작성을 위해 조립 템플릿(Standard.iam)을 선택한다.

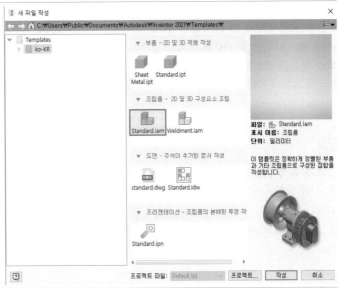

02

조립을 위해 작성(작성) 툴을 클릭하여 구성요소 배치 대화창을 활성화한다. 이때 부품 ①, ②를 선택하여 연다.

03

부품 ①, ②를 불러와 조립창에 배치한 상태

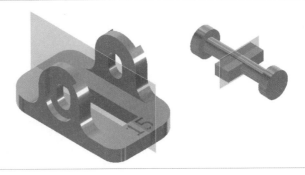

04

조립을 위해 구속조건(구속) 툴을 이용하여 메이트( )를 선택하고 구멍과 축의 중심을 잡으면 솔루션에 같은 방향으로 조립이 자동 생성된다.

05

구멍과 축의 중심이 구속되었으면 부품 ①의 중심에 구속하기 위해 구속조건 배치에서 메이트( )를 선택하여 두 부품의 중간평면을 클릭해 구속시킨다.

06

구속조건에서 유형을 각도( )로 선택한 후 각도 값을 90°로 입력하여 부품 ②를 회전 시킨다.

07

조립 공차 부위를 확인한다.

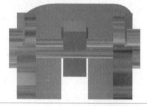

08

조립이 완성된 상태

09

[다른 이름으로 저장]에서 파일의 확장
자를 Autodesk Inventor 조립품으로
선택하여 파일명.iam으로 저장한다. 그
리고 [다른 이름으로 사본 저장]에서
파일의 확장자를 STEP 파일로 선택하
여 파일명.stp로 저장한다.

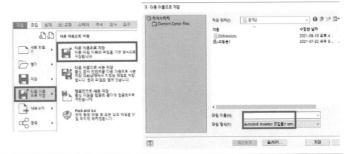

10

[파일]–[인쇄(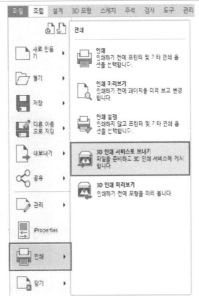 인쇄)]–[3D 인쇄 서비
스로 보내기]를 선택한다.

11

[3D 인쇄 서비스로 보내기]에서 [옵션]
을 선택한 후 단위를 '밀리미터'로, 해
상도를 '높음'으로 설정하고 파일의 확
장자를 STL 파일로 선택하여 파일명.stl
로 저장한다.

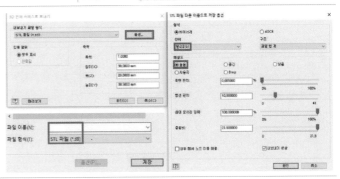

12

공개도면과 출력물 비교

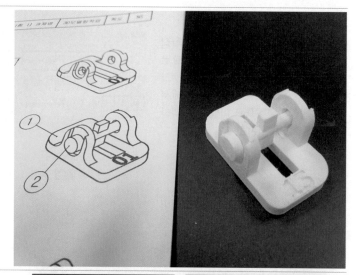

13

3D프린터 출력 완성

※ 최종 파일 제출 시 최종 제출파일 목록에 맞게 파일명을 변경해서 제출할 것

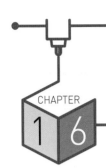

3D프린터운용기능사 자격증 대비과정

3D프린터운용기능사 공개도면 16

자격종목	3D프린터운용기능사	[시험 1] 과제명	3D모델링작업	척도	NS

주서
1. 도시되고 지시없는 모떼기는 C2

[조립 관련 치수 수정]
A=5지만 조립을 위해 4로 수정
B=27이지만 조립을 위해 26으로 수정하여 사이 간격이 0.5mm가 되게 한다.

(1) 부품 ① 모델링하기

01

부품 ①을 모델링하기 위해 부품 템플릿(Standard.ipt)을 클릭하여 새 파일 작성을 시작한다.

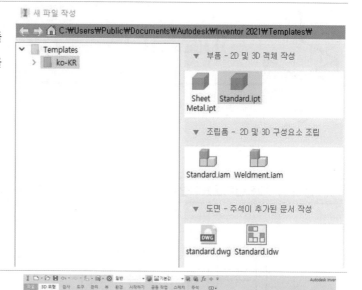

02

스케치 작업을 위해 2D 스케치 시작(2D 스케치 시작)을 클릭하고 X–Y좌표 평면을 스케치할 평면으로 선택한다.

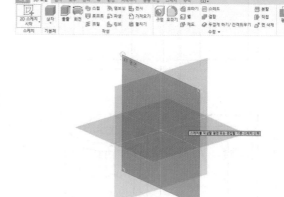

03

부품 ①의 스케치 형상을 치수에 맞게 스케치한다. 치수(치수) 구속조건을 활용하여 정확한 치수를 기입한다.

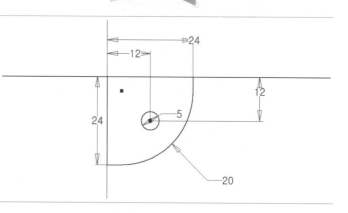

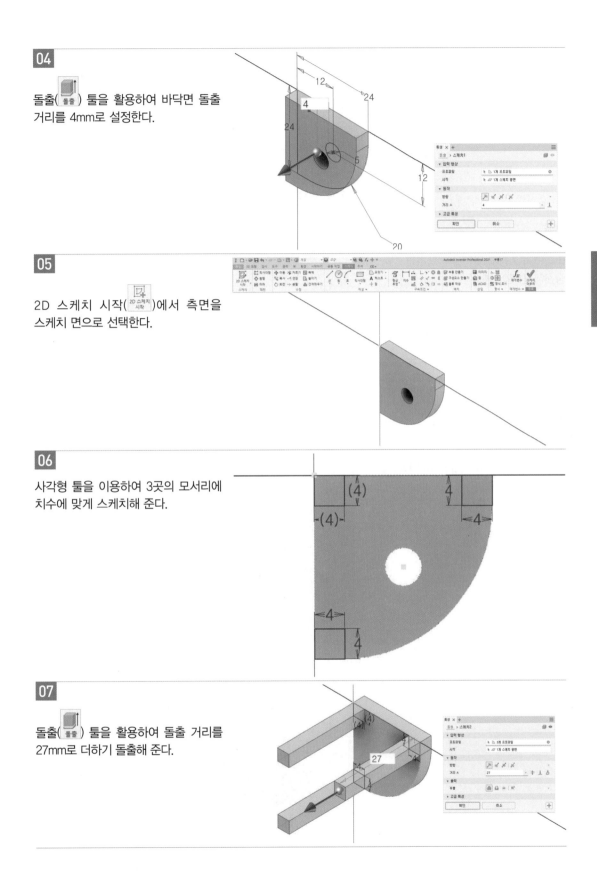

04

돌출(돌출) 툴을 활용하여 바닥면 돌출
거리를 4mm로 설정한다.

05

2D 스케치 시작(2D 스케치 시작)에서 측면을
스케치 면으로 선택한다.

06

사각형 툴을 이용하여 3곳의 모서리에
치수에 맞게 스케치해 준다.

07

돌출(돌출) 툴을 활용하여 돌출 거리를
27mm로 더하기 돌출해 준다.

08

기둥의 중간에 평면을 잡기 위해 두 평면 사이의 중간평면(⬜)을 선택한다.

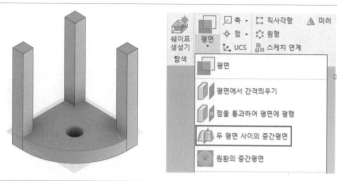

09

바닥면과 기둥의 윗면을 선택하면 기둥 중간에 평면이 생성된다.

10

패턴의 미러 툴을 이용하여 바닥 부분을 피쳐로 선택한다.

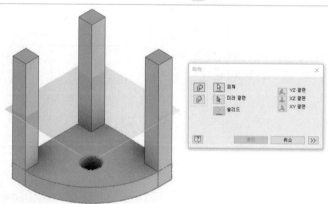

11

중간평면을 미러평면으로 선택하여 대칭형상을 완성한다.

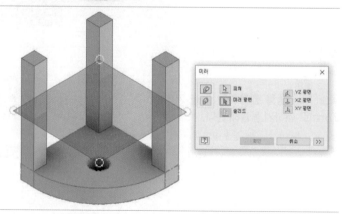

12

도시되고 지시없는 모따기 C2를 만들기 위해 모따기 툴을 이용하여 해당하는 모서리를 선택해 모따기를 완성한다.

13

부품 ① 완성

14

완성된 부품 ①을 [다른 이름으로 저장]에서 파일의 확장자를 Autodesk Inventor 부품으로 선택하여 파일명.ipt로 저장한다.

15

완성된 부품 ①을 [다른 이름으로 저장]–[다른 이름으로 사본 저장]에서 파일의 확장자를 STEP 파일로 선택하여 파일명.stp로 저장한다.

(2) 부품 ② 모델링하기

01

부품 ②를 모델링하기 위해 부품 템플릿( Standard.ipt)을 클릭하여 새 파일 작성을 시작한다.

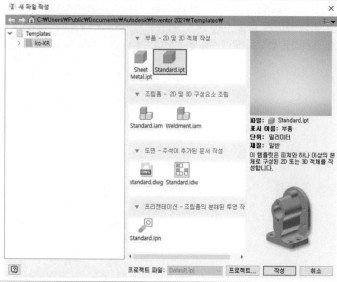

02

스케치 작업을 위해 2D 스케치 시작(2D 스케치 시작)을 클릭하고 X-Y좌표 평면을 스케치할 평면으로 선택한다.

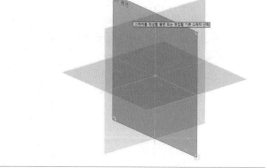

03

부품 ②의 스케치 형상을 치수에 맞게 스케치한다. 이때 치수 B값은 조립을 고려하여 26mm로 한다.

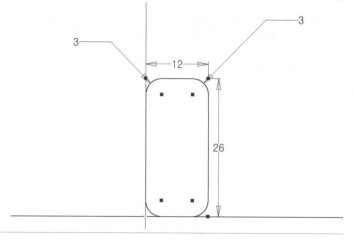

04

돌출(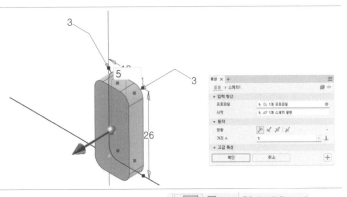) 툴을 활용하여 돌출 거리를
5mm로 설정한다.

05

부품의 중간에 평면을 잡기 위해 두 평
면 사이의 중간평면()을 선택한다.

06

윗면과 아랫면을 선택하여 중간평면을
생성한다.

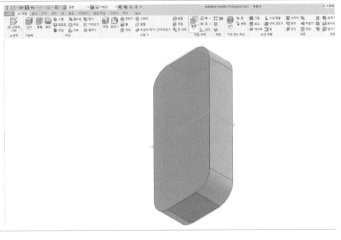

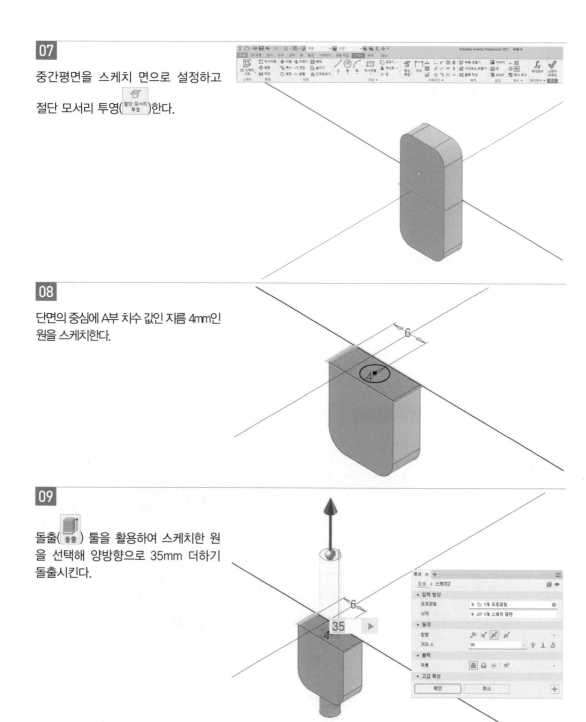

07

중간평면을 스케치 면으로 설정하고

절단 모서리 투영(절단 모서리 투영)한다.

08

단면의 중심에 A부 치수 값인 지름 4mm인 원을 스케치한다.

09

돌출(돌출) 툴을 활용하여 스케치한 원을 선택해 양방향으로 35mm 더하기 돌출시킨다.

10

비번호 각인할 면을 선택하기 위해 2D

스케치(2D 스케치 시작)할 앞쪽 면을 선택한다.

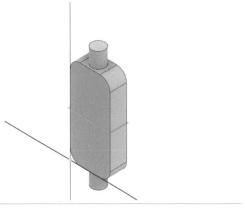

11

비번호 각인을 위해 텍스트(A 텍스트)
툴을 선택하여 적당한 글씨 크기로
번호를 기입한다.

12

돌출(돌출) 툴을 활용하여 차집합으로
돌출 거리를 1mm로 설정해 문자를 음
각으로 만들어 준다.

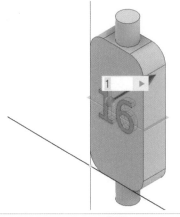

13

부품 ② 완성

14

완성된 부품 ②를 [다른 이름으로 저
장]에서 파일의 확장자를 Autodesk
Inventor 부품으로 선택하여 파일명.ipt
로 저장한다.

15

완성된 부품 ②를 [다른 이름으로 저
장]–[다른 이름으로 사본 저장]에서 파
일의 확장자를 STEP 파일로 선택하여
파일명.stp로 저장한다.

(3) 부품 ①, ② 조립하기

01

조립품 작성을 위해 조립 템플릿(Standard.iam)을 선택한다.

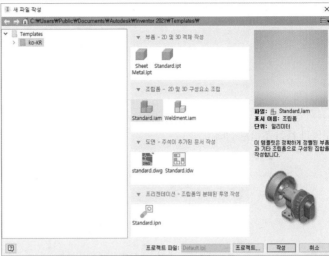

02

조립을 위해 부품을 작성(작성) 툴을 클릭하여 구성요소 배치 대화창을 활성화한다. 이때 부품 ①, ②를 선택하여 연다.

03

부품 ①, ②를 불러와 조립창에 배치한 상태

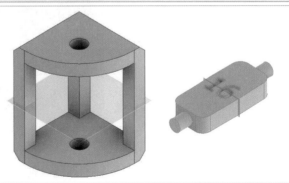

04

구속조건(구속) 툴을 이용하여 조립을 위해 메이트( ) 를 선택하고 축의 중심을 선택한다.

05

위쪽 구멍의 중심을 선택한다.

06

구멍과 축이 조립된 상태

07

구속조건 배치에서 메이트( )를 선택하여 두 부품의 중간평면을 구속시킨다.

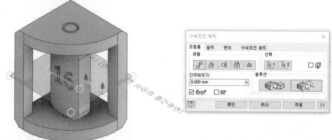

08

조립 공차 부위를 확인

09

조립이 완료된 상태

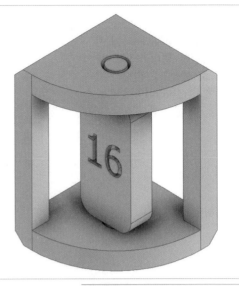

10

[다른 이름으로 저장]에서 파일의 확장
자를 Autodesk Inventor 조립품으로
선택하여 파일명.iam으로 저장한다. 그
리고 [다른 이름으로 사본 저장]에서
파일의 확장자를 STEP 파일로 선택하
여 파일명.stp로 저장한다.

11

[파일]-[인쇄(🖶 인쇄)]-[3D 인쇄 서비
스로 보내기]를 선택한다.

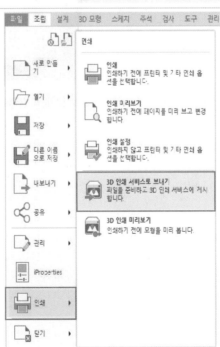

12

[3D 인쇄 서비스로 보내기]에서 [옵션]을 선택한 후 단위를 '밀리미터'로, 해상도를 '높음'으로 설정하고 파일의 확장자를 STL 파일로 선택하여 파일명.stl로 저장한다.

13

공개도면과 출력물 비교

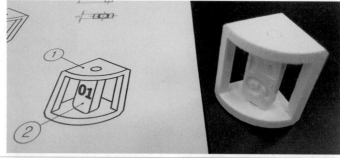

14

3D프린터 출력 완성

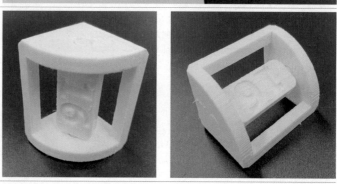

※ 최종 파일 제출 시 최종 제출파일 목록에 맞게 파일명을 변경해서 제출할 것

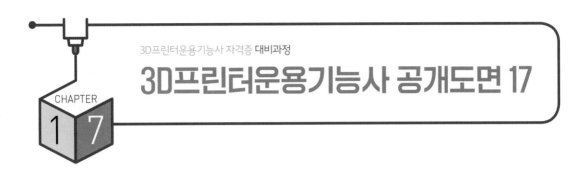

자격종목	3D프린터운용기능사	[시험 1] 과제명	3D모델링작업	척도	NS

주서
1. 도시되고 지시없는 라운드는 R1

[조립 관련 치수 수정]
A=6이지만 조립을 위해 5로 수정
B=5지만 조립을 위해 4로 수정하여 사이 간격이 0.5mm가 되게 한다.

(1) 부품 ① 모델링하기

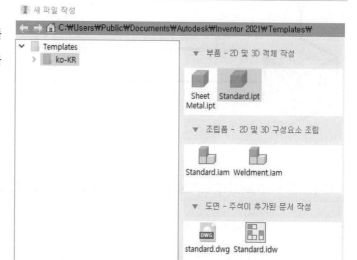

01

부품 ①을 모델링하기 위해 부품 템플릿(Standard.ipt)을 클릭하여 새 파일 작성을 시작한다.

02

스케치 작업을 위해 2D 스케치 시작(2D 스케치 시작)을 클릭하고 X-Y좌표 평면을 스케치할 평면으로 선택한다.

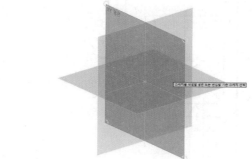

03

부품 ①의 스케치 형상을 치수에 맞게 스케치한다. 치수(치수) 구속조건을 활용하여 정확한 치수를 기입한다.

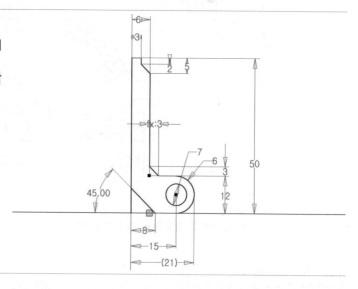

돌출(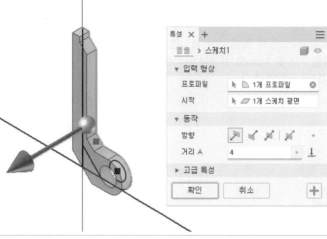) 툴을 활용하여 돌출 거리를
B의 치수 값을 적용한 4mm로 한다.

05

비번호 각인할 면을 선택하기 위해 2D
스케치(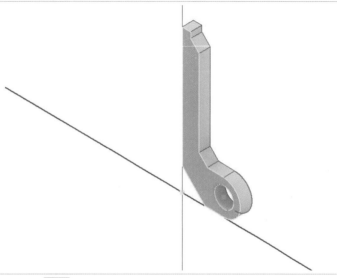)할 면을 선택한다.

06

비번호 각인을 위해 텍스트(A 텍스트)
툴을 선택하여 적당한 글씨 크기로 번
호를 기입한다.

PART 03

3D프린터운용기능사 공개도면

07

돌출() 툴을 활용하여 차집합으로 돌출 거리를 1mm로 설정해 문자를 음각으로 만들어 준다.

08

부품 ① 완성

09

완성된 부품 ①을 [다른 이름으로 저장]에서 파일의 확장자를 Autodesk Inventor 부품으로 선택하여 파일명.ipt로 저장한다.

10

완성된 부품 ①을 [다른 이름으로 저장]–[다른 이름으로 사본 저장]에서 파일의 확장자를 STEP 파일로 선택하여 파일명.stp로 저장한다.

(2) 부품 ② 모델링하기

01

부품 ②를 모델링하기 위해 부품 템플릿(Standard.ipt)을 클릭하여 새 파일 작성을 시작한다.

02

스케치 작업을 위해 2D 스케치 시작(2D 스케치 시작)을 클릭하고 X-Y좌표 평면을 스케치할 평면으로 선택한다.

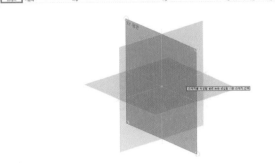

03

부품 ②의 스케치 형상을 치수에 맞게 스케치한다.

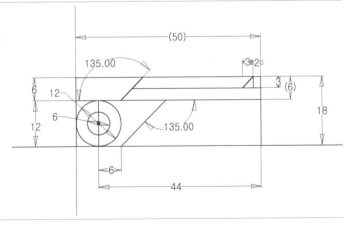

04

돌출() 툴을 활용하여 아래쪽 면만 프로파일로 선택해 돌출 거리를 5mm로 설정한다.

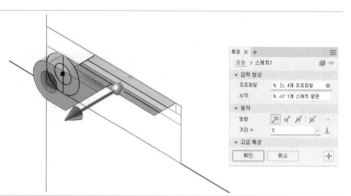

05

돌출() 툴을 활용하여 위쪽 면과 원을 선택하여 돌출 거리 10mm로 더하기한다.

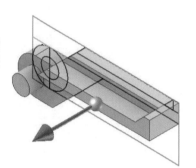

06

2D 스케치 시작()할 측면부를 선택하고 절단 모서리 투영()을 클릭하여 모서리 선을 활성화시킨다.

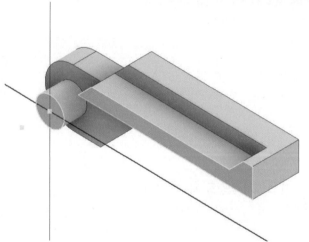

07

돌출() 툴을 활용하여 돌출 거리를 5mm로 설정해 합한다.

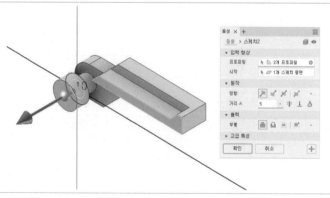

08

도시되고 지시없는 라운드 R1을 만들기 위해 모깎기 툴을 이용하여 모서리를 선택하고 모깎기를 완성한다.

09

부품 ② 완성

10

완성된 부품 ②를 [다른 이름으로 저장]에서 파일의 확장자를 Autodesk Inventor 부품으로 선택하여 파일명.ipt로 저장한다.

11

완성된 부품 ②를 [다른 이름으로 저장]-[다른 이름으로 사본 저장]에서 파일의 확장자를 STEP 파일로 선택하여 파일명.stp로 저장한다.

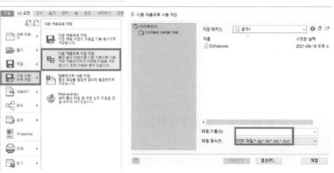

(3) 부품 ①, ② 조립하기

01

조립품 작성을 위해 조립 템플릿(Standard.iam)을 선택한다.

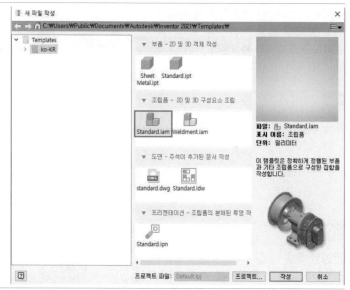

02

조립을 위해 작성(작성) 툴을 클릭하여 구성요소 배치 대화창을 활성화한다. 이때 부품 ①, ②를 선택하여 연다.

03

부품 ①, ②를 불러와 조립창에 배치한 상태

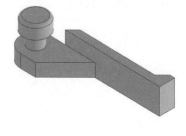

04

부품 ②를 열어 축 중심 면에 두 평면 사이의 중간평면()을 생성한다.

05

부품 ①을 열어 두 평면 사이의 중간평
면(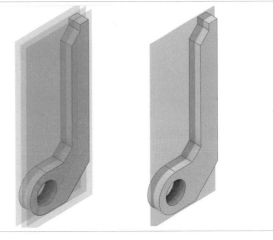)을 생성한다.

06

두 부품에 중간평면이 생성된 상태

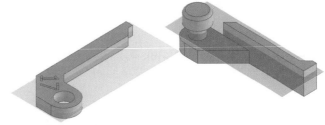

07

구속조건(구속) 툴을 이용하여 조립을
위해 메이트()를 선택하고 구멍과
축의 중심을 잡으면 솔루션에 같은 방
향으로 조립이 자동 생성된다.

08

구속조건 배치에서 메이트()를 선
택하여 두 부품의 중간평면을 클릭하
여 구속시킨다.

09

두 개의 부품이 조립된 상태

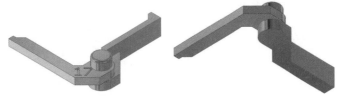

10

조립 공차 부위 확인

11

[다른 이름으로 저장]에서 파일의 확장자를 Autodesk Inventor 조립품으로 선택하여 파일명.iam으로 저장한다. 그리고 [다른 이름으로 사본 저장]에서 파일의 확장자를 STEP 파일로 선택하여 파일명.stp로 저장한다.

12

[파일]–[인쇄(🖶 인쇄)]–[3D 인쇄 서비스로 보내기]를 선택한다.

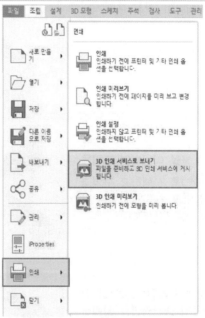

13

[3D 인쇄 서비스로 보내기]에서 [옵션]을 선택한 후 단위를 '밀리미터'로, 해상도를 '높음'으로 설정하고 파일의 확장자를 STL 파일로 선택하여 파일명.stl로 저장한다.

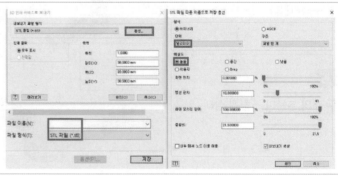

14

공개도면과 출력물 비교

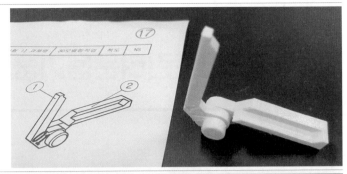

15

3D프린터 출력 완성

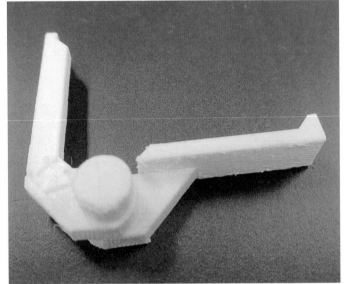

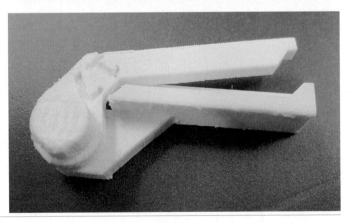

※ 최종 파일 제출 시 최종 제출파일 목록에 맞게 파일명을 변경해서 제출할 것

3D프린터운용기능사 공개도면 18

자격종목	3D프린터운용기능사	[시험 1] 과제명	3D모델링작업	척도	NS

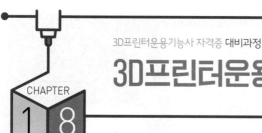

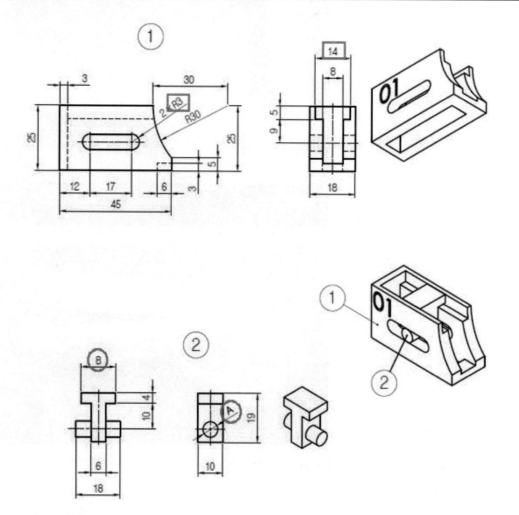

[조립 관련 치수 수정]
A=6이지만 조립을 위해 5로 수정
B=14지만 조립을 위해 13으로 수정하여 사이 간격이 0.5mm가 되게 한다.

(1) 부품 ① 모델링하기

01

부품 ①을 모델링하기 위해 부품 템플릿(Standard.ipt)을 클릭하여 새 파일 작성을 시작한다.

02

스케치 작업을 위해 2D 스케치 시작(2D 스케치 시작)을 클릭하고 X-Y좌표 평면을 스케치할 평면으로 선택한다.

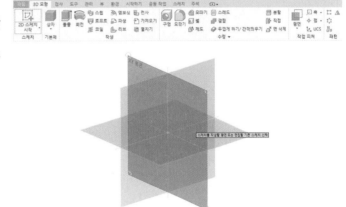

03

부품 ①의 스케치 형상을 치수에 맞게 스케치한다. 치수 (치수) 구속조건을 활용하여 정확한 치수를 기입한다.

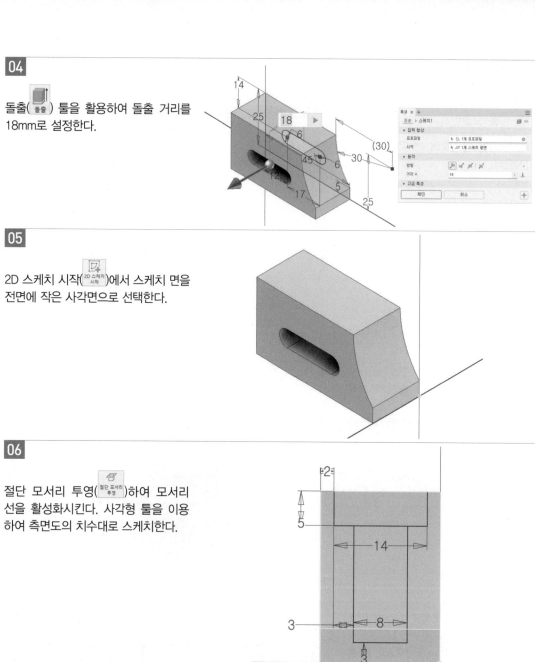

04

돌출(돌출) 툴을 활용하여 돌출 거리를
18mm로 설정한다.

05

2D 스케치 시작(2D 스케치 시작)에서 스케치 면을
전면에 작은 사각면으로 선택한다.

06

절단 모서리 투영(절단 모서리 투영)하여 모서리
선을 활성화시킨다. 사각형 툴을 이용
하여 측면도의 치수대로 스케치한다.

07

돌출(돌출) 툴을 활용하여 돌출 거리를
42mm로 설정해 빼주기해 준다.

08

2D 스케치 시작(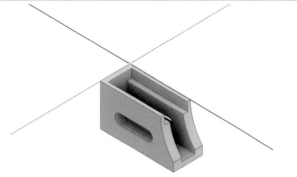)에서 스케치 면을
위쪽 면으로 선택한다.

09

절단 모서리 투영( )하여 모서리
선을 활성화시킨다. 바닥면 사각형 홀
을 만들기 위해 스케치 면에 치수에 맞
는 사각형 모양을 스케치한다.

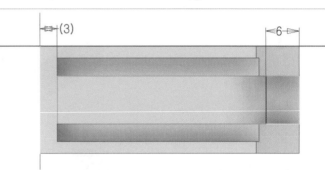

10

돌출( ) 툴을 활용하여 돌출 거리를
전체관통으로 빼주기해 준다.

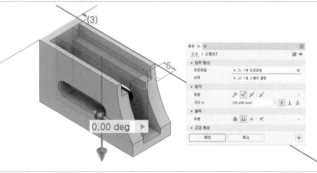

11

비번호 각인할 면을 선택하기 위해 2D
스케치( )할 전면부를 선택한다.

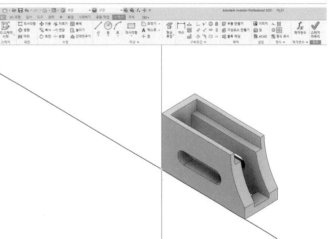

12

비번호 각인을 위해 텍스트(A 텍스트) 툴을 선택하여 적당한 글씨 크기로 번호를 기입한다.

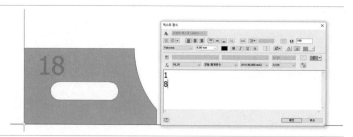

13

돌출(돌출) 툴을 활용하여 차집합으로 돌출 거리를 1mm로 설정해 문자를 음각으로 만들어 준다.

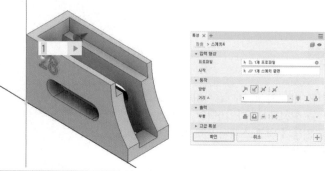

14

부품의 중간에 평면을 잡기 위해 두 평면 사이의 중간평면( )을 선택한다.

15

양쪽 면을 선택하여 중간평면을 생성한다.

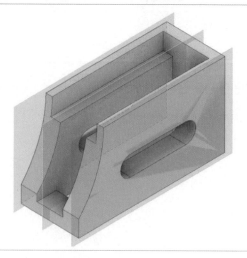

16

부품 ① 완성

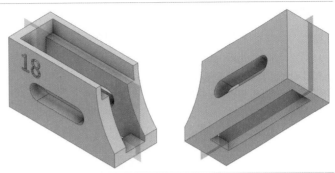

17

완성된 부품 ①을 [다른 이름으로 저장]에서 파일의 확장자를 Autodesk Inventor 부품으로 선택하여 파일명.ipt로 저장한다.

18

완성된 부품 ①을 [다른 이름으로 저장]–[다른 이름으로 사본 저장]에서 파일의 확장자를 STEP 파일로 선택하여 파일명.stp로 저장한다.

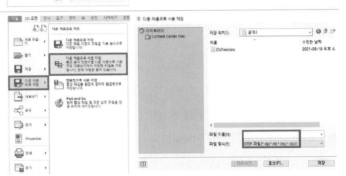

(2) 부품 ② 모델링하기

01

스케치 작업을 위해 부품 템플릿(Standard.ipt)을
클릭하고 X-Y좌표 평면을 스케치할 평면
으로 선택한다.

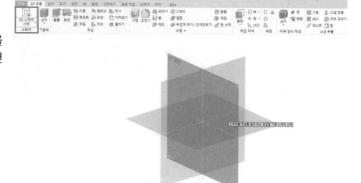

02

부품 ②의 스케치 형상을 치수에 맞게

스케치한다. 돌출(돌출) 툴을 활용하여
B치수 돌출 거리를 13mm로 설정해 돌
출한다.

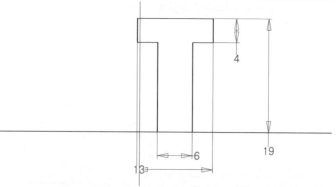

03

부품의 중간에 평면을 잡기 위해 두 평
면 사이의 중간평면()을 선택한다.

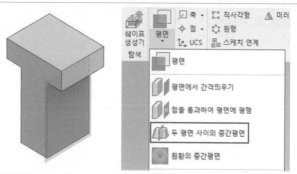

04

양쪽 면을 선택하여 중간평면을 생성
한다.

05

중간평면을 스케치 면으로 설정하고
절단 모서리 투영(절단 모서리 투영)한다.

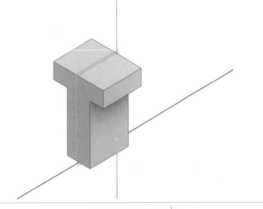

06

A부 치수인 지름 5mm 원을 치수에 맞
게 스케치한다.

07

돌출(돌출) 툴을 활용하여 스케치한 원
을 선택해 양방향으로 18mm 더하기
돌출시킨다.

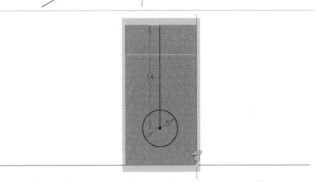

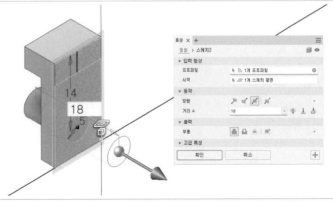

08

부품 ② 완성

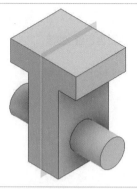

09

완성된 부품 ②를 [다른 이름으로 저장]에서 파일의 확장자를 Autodesk Inventor 부품으로 선택하여 파일명.ipt로 저장한다.

10

완성된 부품 ②를 [다른 이름으로 저장]–[다른 이름으로 사본 저장]에서 파일의 확장자를 STEP 파일로 선택하여 파일명.stp로 저장한다.

(3) 부품 ①, ② 조립하기

01

조립품 작성을 위해 조립 템플릿(Standard.iam)을 선택한다.

02

조립을 위해 작성(작성) 툴을 클릭하여 구성요소 배치 대화창을 활성화한다. 이때 부품 ①, ②를 선택하여 연다.

03

부품 ①, ②를 불러와 조립창에 배치한 상태

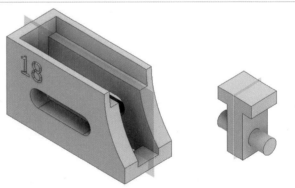

구속조건 배치에서 메이트( )를 선
택하여 두 부품의 중간평면을 클릭하
여 구속시킨다.

구속조건(구속) 툴을 이용하여 조립을
위해 메이트( )를 선택하고 슬롯의
중심과 축의 중심을 선택한다.

슬롯 안쪽의 중심을 선택한다.

조립 공차 부위를 확인한다.

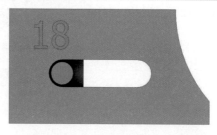

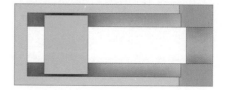

08

조립 완성

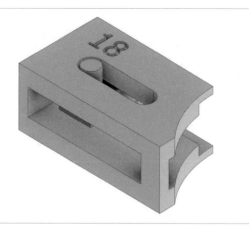

09

[다른 이름으로 저장]에서 파일의 확장자를 Autodesk Inventor 조립품으로 선택하여 파일명.iam으로 저장한다. 그리고 [다른 이름으로 사본 저장]에서 파일의 확장자를 STEP 파일로 선택하여 파일명.stp로 저장한다.

10

[파일]-[인쇄(🖨 인쇄)]-[3D 인쇄 서비스로 보내기]를 선택한다.

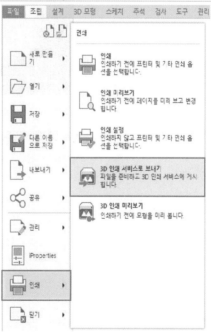

11

[3D 인쇄 서비스로 보내기]에서 [옵션]을 선택한 후 단위를 '밀리미터'로, 해상도를 '높음'으로 설정하고 파일의 확장자를 STL 파일로 선택하여 파일명.stl로 저장한다.

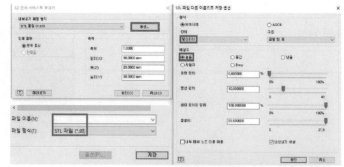

12

공개도면과 출력물 비교

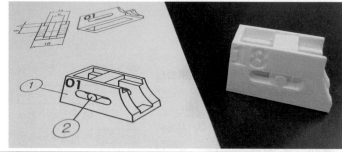

13

3D프린터 출력 완성

※ 최종 파일 제출 시 최종 제출파일 목록에 맞게 파일명을 변경해서 제출할 것

자격종목	3D프린터운용기능사	[시험 1] 과제명	3D모델링작업	척도	NS

①

②

주서

1. 도시되고 지시없는 모떼기는 C2

[조립 관련 치수 수정]
A=8이지만 조립을 위해 7로 수정
B=11이지만 조립을 위해 12로 수정하여 사이 간격이 0.5mm가 되게 한다.

(1) 부품 ① 모델링하기

01

부품 ①을 모델링하기 위해 새로 만들기에서 부품을 선택한다.

02

2D 스케치 평면을 XY면으로 선택한다.

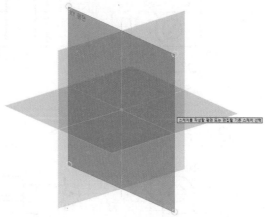

03

부품 ①의 스케치 형상을 치수에 맞게 스케치한다. 치수(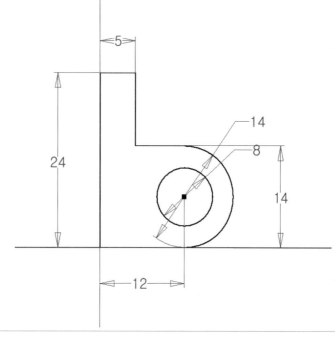) 구속조건을 활용하여 정확한 치수를 기입한다.

04

돌출(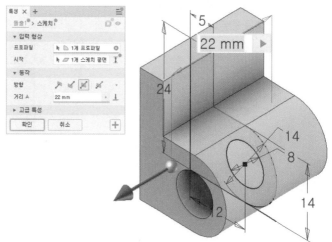) 툴을 활용하여 돌출 거리를 22mm로 설정한다.

뒤쪽 면을 2D 스케치 면으로 선택한다.

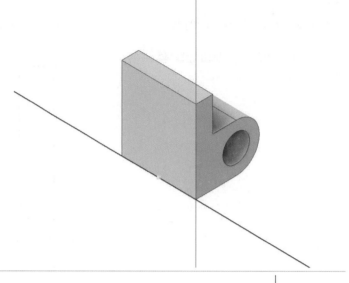

06

절단 모서리 투영(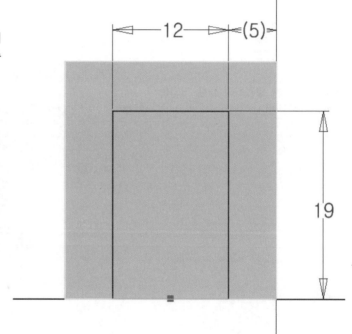)하여 모서리
선을 활성화시킨다. 선 그리기와 치수
구속으로 사각형을 만든다.

07

돌출() 툴을 활용하여 거리를
22mm로 정하거나 전체관통을 설정하
여 빼내기를 한다.

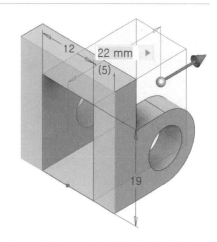

08

두 평면 사이의 중간평면을 선택하여
부품 ①의 중간에 평면을 만들고 파일
명.ipt로 저장한다.

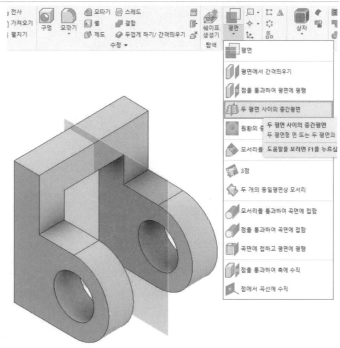

(2) 부품 ② 모델링하기

01

부품 ②를 모델링하기 위해 새로 만들기에서 부품을 선택한다.

02

2D 스케치 평면을 XY면으로 선택한다.

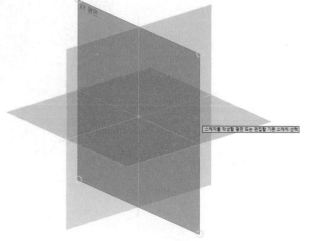

부품 ②의 스케치 형상을 치수에 맞게
스케치한다. 치수() 구속조건을 활
용하여 정확한 치수를 기입한다.

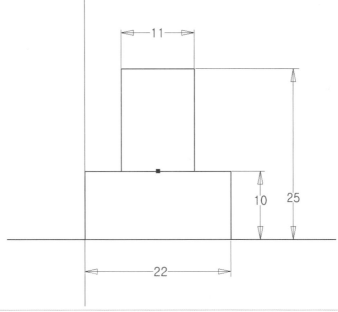

돌출( ) 툴을 활용하여 돌출 거리를
18mm로 설정한다.

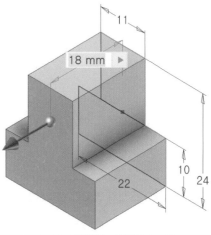

05

05

앞쪽 면을 2D 스케치 면으로 설정하고

절단 모서리 투영()하여 모서리
선을 활성화시킨다. 선 그리기를 이용
하여 가로선을 긋는다.

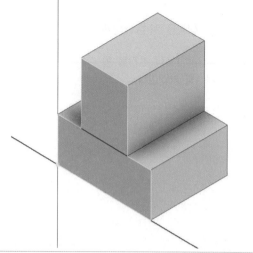

06

돌출(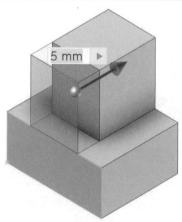)로 5mm 빼내기를 한다.

07

뒤쪽 면을 2D 스케치 면으로 선택하여

절단 모서리 투영()하고 치수에
맞게 선을 그린다.

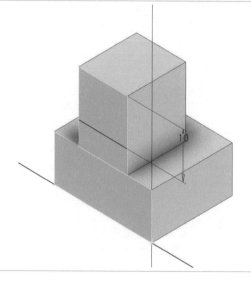

08

돌출(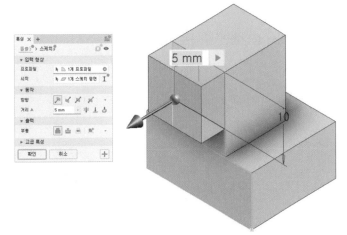돌출)로 프로파일 면을 선택하여
5mm 합치기 한다.

09

모따기(모따기)의 크기를 2mm로 정
하여 모서리를 모따기해 준다.

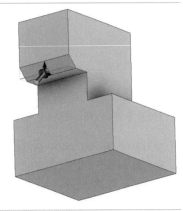

10

모깎기(모깎기)의 크기를 7mm로 하여 해
당 부위를 모깎기해 준다.

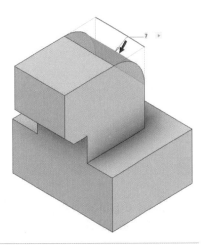

두 평면 사이의 중간평면(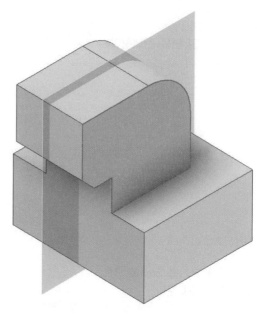)을 설정
한다.

중간평면을 2D 스케치 면으로 잡고 절
단 모서리 투영( )하여 모서리 선
을 활성화 시키면 라운드 부분에 중심
점이 생긴다. 이 중심점에 지름 7mm인
원을 그린다.

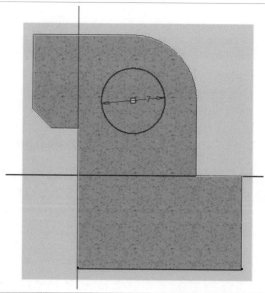

돌출( )을 이용하여 양쪽방향으로
22mm 합치기 돌출을 한다.

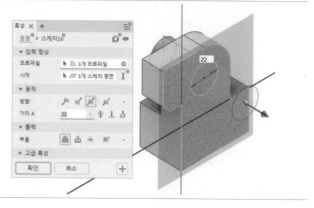

14

비번호 각인을 위해 전면부를 스케치
면으로 선택한다.

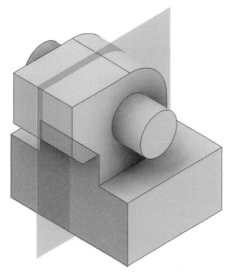

15

비번호 위치를 선택하고 문자크기를
6mm, 굵은 글씨체로 설정한다.

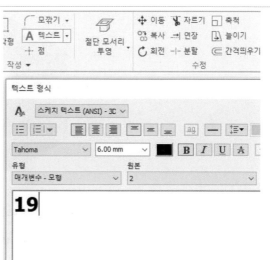

16

텍스트의 돌출 깊이를 1mm로 하여 빼
내기해 준다. 부품 ②가 완성 된 후 파
일명.ipt로 저장한다.

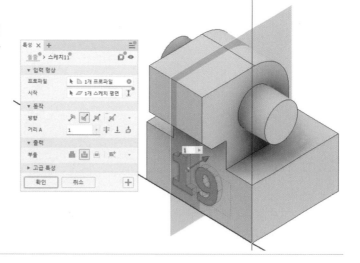

(3) 부품 ①, ② 조립하기

01

부품 ①과 ②의 조립을 위해 조립창
(Standard.iam)을 열고 구성요소 배치를 선택한
다. 두 개의 부품을 저장한 폴더에서 부
품 ①과 ②를 선택한다.

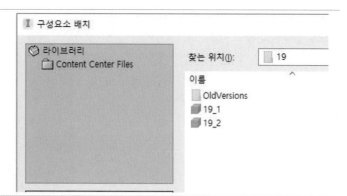

02

부품 ①과 ②를 불러온 상태

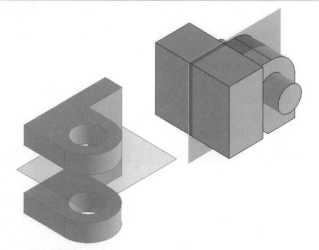

03

두 부품을 구속하기 위해 구속(구속)조
건 배치를 열고 축과 구멍의 중심을 메
이트 시킨다.

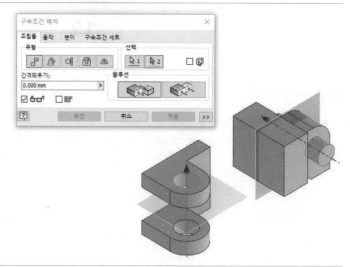

04

축과 구멍이 메이트 된 상태이지만 전
체 중심이 맞지 않은 상태이다.

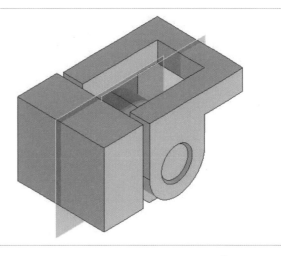

05

구속(구속)조건 배치를 다시 한 번 열어
서 두 부품에 미리 작성된 중간평면을
각각 선택하여 메이트 시킨다.

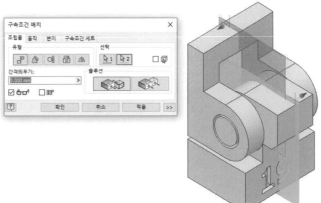

06

두 부품이 조립된 상태

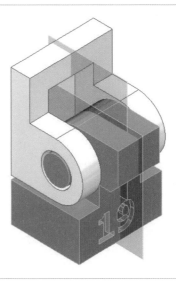

07

조립된 상태에서 해당하는 비번호로
저장한다(파일명.iam).

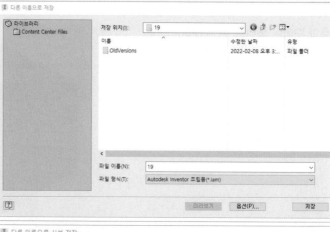

08

채점용 파일을 저장하기 위해 다른 이
름으로 사본 저장을 한다(파일명.stp).

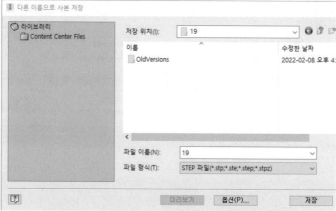

09

슬라이싱을 하기 위한 파일을 저장한
다. [인쇄]–[3D 인쇄 서비스로 보내기]
를 선택한다.

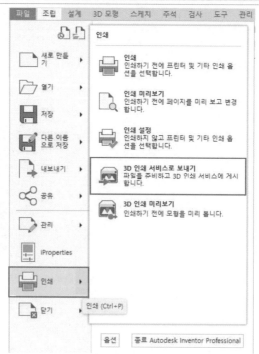

10

옵션에서 단위를 '밀리미터'로, 해상도
는 '높음'으로 체크한다.

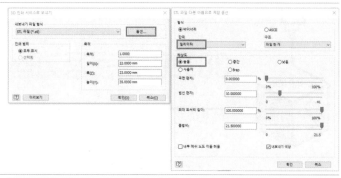

11

슬라이서 소프트웨어 작업용 파일로
저장한다(파일명.stl).

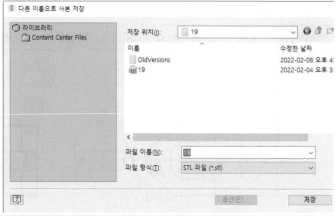

12

공개도면과 출력물 비교

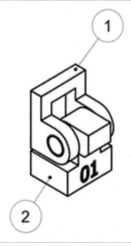

※ 최종 파일 제출 시 최종 제출파일 목록에 맞게 파일명을 변경해서 제출할 것

3D프린터운용기능사 자격증 대비과정

3D프린터운용기능사 공개도면 20

자격종목	3D프린터운용기능사	[시험 1] 과제명	3D모델링작업	척도	NS

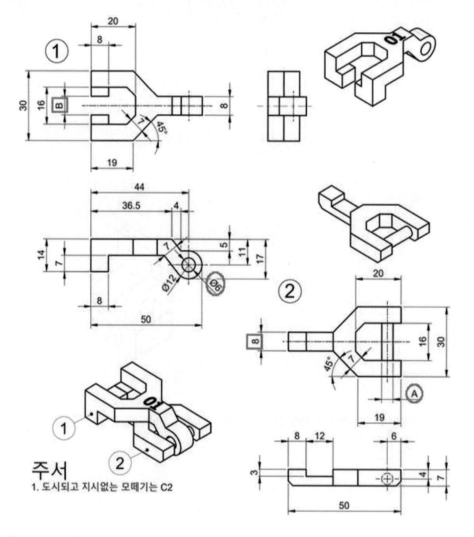

[조립 관련 치수 수정]
A=6이지만 조립을 위해 5로 수정
B=8이지만 조립을 위해 9로 수정하여 사이 간격이 0.5mm가 되게 한다.

(1) 부품 ① 모델링하기

01

부품 ①을 모델링하기 위해 새로 만들기에서 부품을 선택한다.

02

2D 스케치 평면을 XY면으로 선택한다.

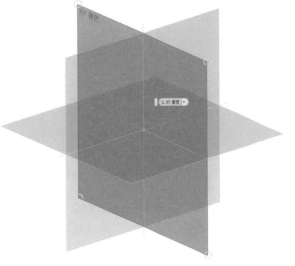

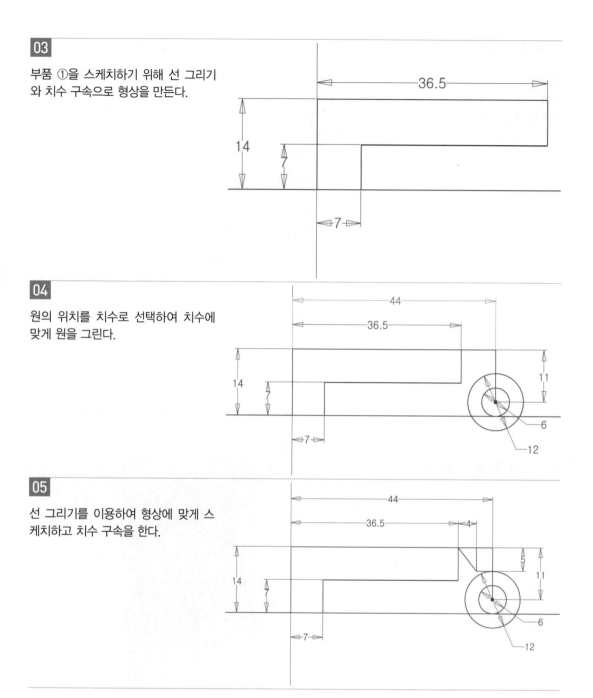

03

부품 ①을 스케치하기 위해 선 그리기
와 치수 구속으로 형상을 만든다.

04

원의 위치를 치수로 선택하여 치수에
맞게 원을 그린다.

05

선 그리기를 이용하여 형상에 맞게 스
케치하고 치수 구속을 한다.

06

원의 기울어진 접선에 평행하게 7mm
간격으로 선을 그린다.

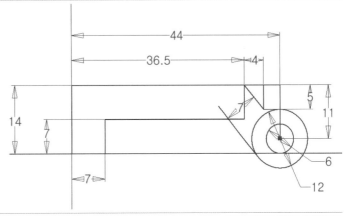

07

돌출( )을 위해 형상에 해당하는 면
을 프로파일로 선택하고 양방향으로
30mm 돌출을 한다.

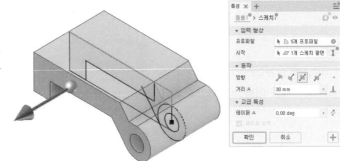

08

위쪽 면을 2D 스케치 면으로 선택하고

절단 모서리 투영( )한다.

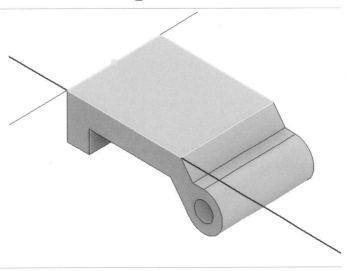

09

평면에서 바라본 형상을 선 그리기로
스케치하고 치수 구속한다.

10

선 그리기로 중심선을 그려 놓고 패턴에
미러(△ 미러)를 이용하여 형상을 완성
한다.

11

미러가 완성된 상태

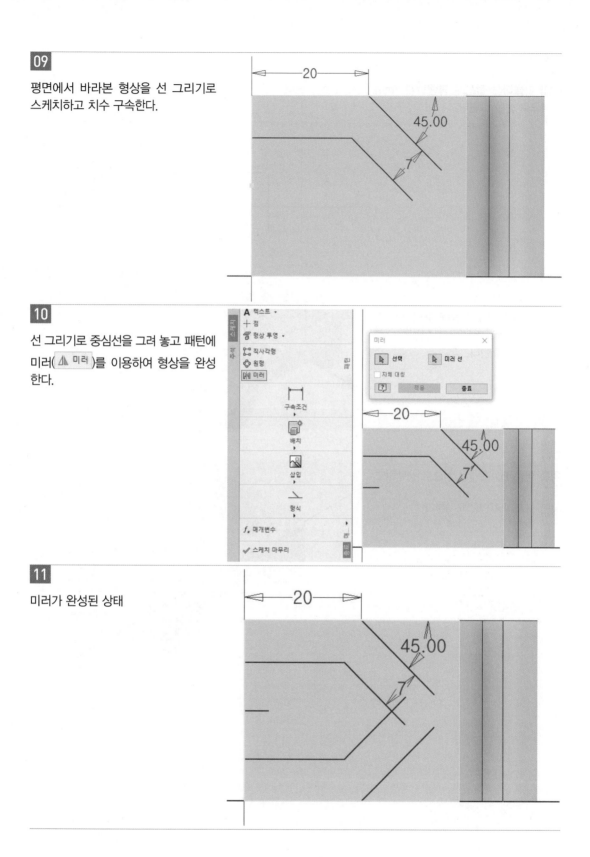

12

오른쪽 모서리 선을 활성화하기 위해 해당 면을 형상 투영한다.

13

형상 투영 면을 선택한다.

14

선 그리기로 형상에 맞는 형상을 만들고 치수 구속을 한다.

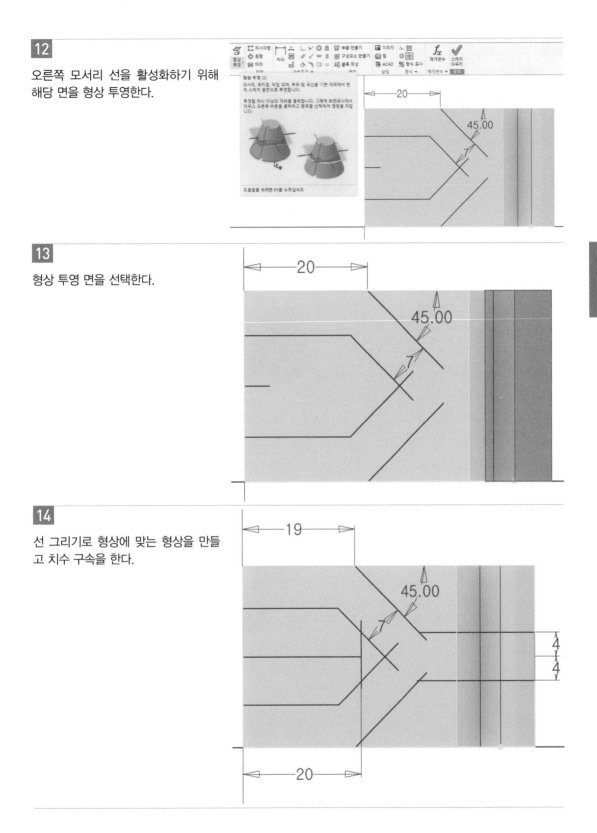

돌출(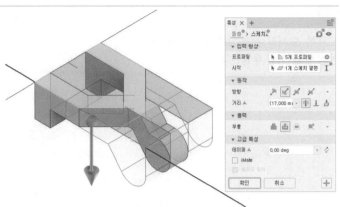)에서 빼내기 할 부분 세 곳을
선택하여 전체 빼기를 한다.

바닥면을 2D 스케치 면으로 선택하여
절단 모서리 투영을 한다.

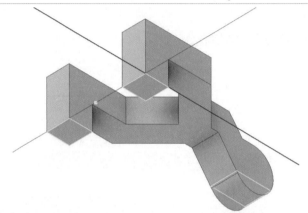

바닥면에 돌출될 스케치 형상을 선 그
리기와 치수 구속으로 만든다.

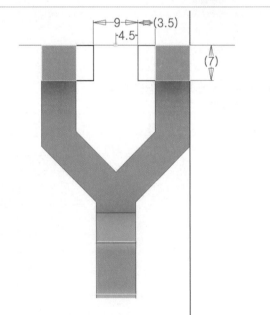

18

돌출(<img))을 통하여 7mm로 합치기한다.

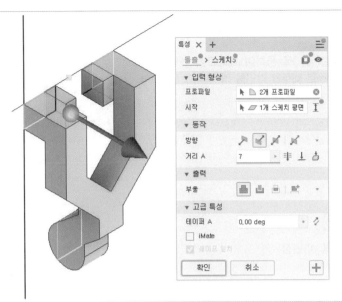

19

비번호 각인을 위해 위쪽 면을 2D 스케치 면으로 선택한다.

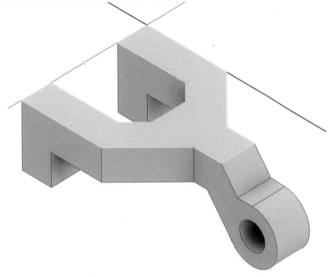

20

텍스트(A 텍스트)를 이용하여 비번호를 기입한다.

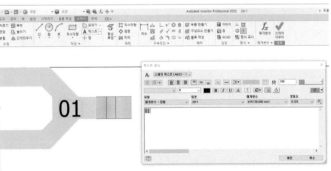

21

돌출()을 통하여 텍스트를 선택해
1mm로 빼주기 각인을 해 준다.

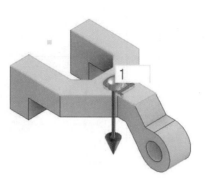

부품 ① 완성

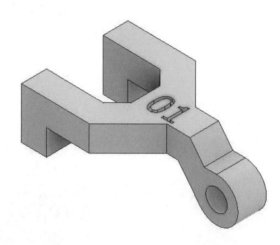

두 평면 사이의 중간평면(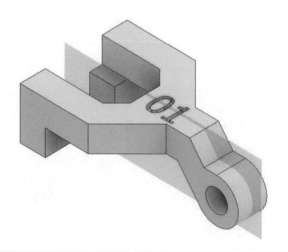)을 선택
한 후 부품 ①을 파일명.ipt로 저장한다.

(2) 부품 ② 모델링하기

01

부품 ②를 모델링하기 위해 새로 만들기에서 부품을 선택한다.

02

2D 스케치 평면을 XY면으로 선택한다.

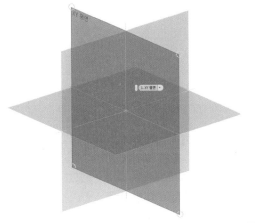

03

부품의 ②의 스케치 형상을 치수에 맞게 스케치한다. 치수(치수) 구속조건을 활용하여 정확한 치수를 기입한다.

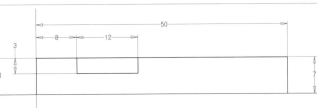

04

돌출(돌출) 툴을 활용하여 돌출 거리를
양방향으로 30mm로 설정한다.

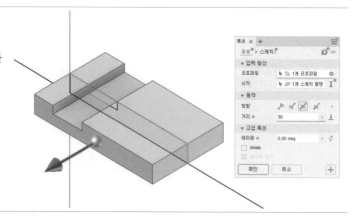

05

위쪽 면을 2D 스케치 면으로 선택하고
절단 모서리 투영을 하여 모서리 선을
활성화한다.

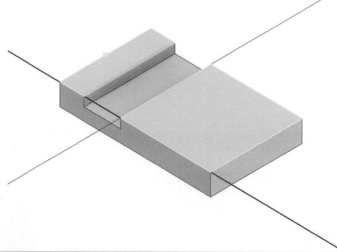

06

평면형상을 선 그리기로 그리고 치수
구속으로 스케치한다. 중앙 부위에 선
을 하나 그려서 그 선분을 중심으로 미
러(⚠ 미러) 툴을 이용하여 대칭 이동
한다.

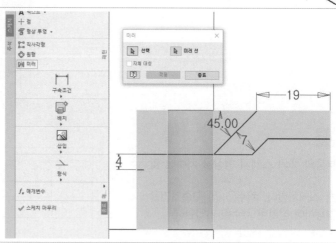

07

미러가 완료된 상태에서 세로 선을 그
려 준다.

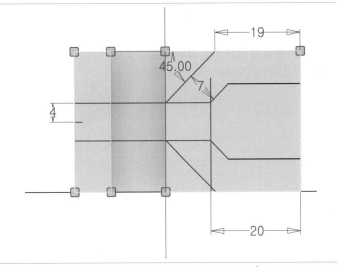

08

돌출(돌출)을 이용하여 해당 부위를 선
택하고 전체 빼내기로 형상을 완성한다.

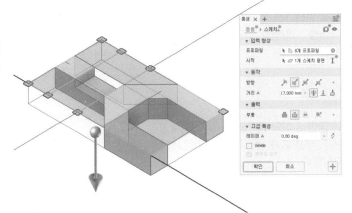

09

2D 스케치 면을 측면으로 선택한다. 형상
투영을 통해 모서리 선을 활성화한다.

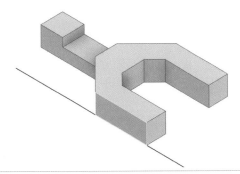

10

지름 5mm 원을 그리고 위치를 치수로
구속한다.

11

돌출(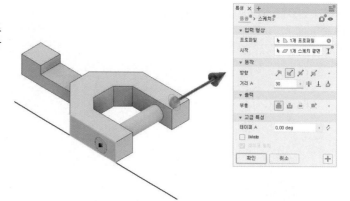 돌출) 툴을 활용하여 원 부위를 프로파일로 선택하고 거리는 30mm로 합치기한다.

12

도시되고 지시없는 모떼기 C2를 만들기 위해 모따기(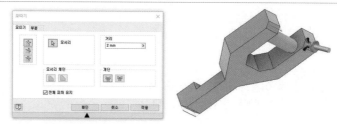 모따기) 툴로 거리 2mm를 기입하고 해당 모서리를 선택한다.

13

두 평면 사이의 중간평면(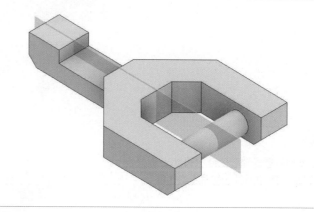)을 설정한다. 부품 ②가 완성된 후 파일명.ipt로 저장한다.

(3) 부품 ①, ② 조립하기

01

부품 ①과 ②의 조립을 위해 조립 창(Standard.iam)을 열고 구성요소 배치를 선택한다. 두 개의 부품을 저장한 폴더에서 부품 ①과 ②를 선택한다.

02

부품 ①과 ②를 불러온 상태

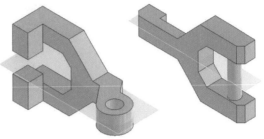

03

두 부품을 구속하기 위해 구속(구속)조건 배치를 열고 축과 구멍의 중심을 메이트시킨다.

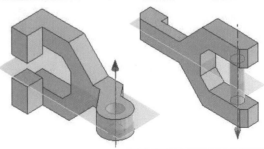

04

구속(구속)조건 배치를 다시 한 번 열어
서 솔루션을 플러쉬로 선택한 후 두 부
품에 미리 작성된 중간평면을 각각 선
택하여 메이트 시킨다.

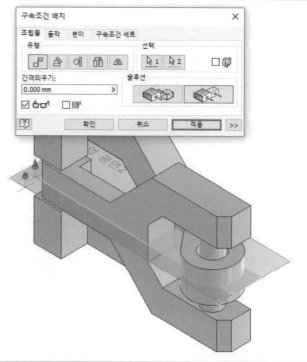

05

조립이 완성된 형상

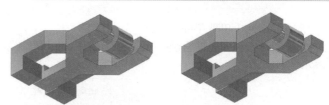

06

조립된 상태에서 단면을 보면 부품 ①
과 ②가 공차 없이 붙어 있는 상태로
되어 있다. 이때 그대로 3D프린팅을 하
면 부품 2개가 한 개의 부품처럼 붙어
서 나온다.

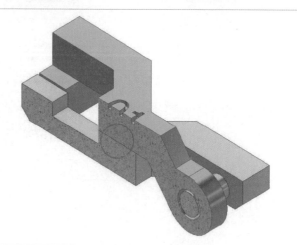

07

구속조건 배치에서 각도( )를 선택하여 지정각도를 180°로 적용한다.

08

180° 회전한 조립상태

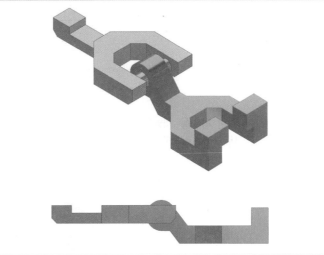

09

위 상태에서 해당하는 비번호로 저장한다(파일명.iam).

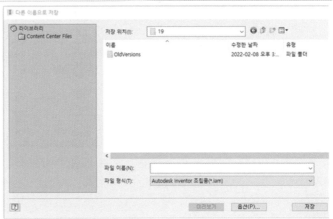

10

채점용 파일을 저장하기 위해 다른 이름으로 사본 저장을 한다(파일명.stp).

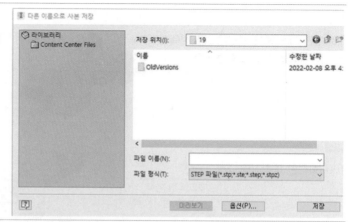

11

슬라이싱을 하기 위한 파일을 저장한다. [인쇄]–[3D 인쇄 서비스로 보내기]를 선택한다.

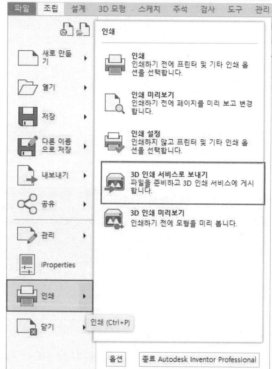

12

옵션에서 단위를 '밀리미터'로, 해상도는 '높음'으로 체크한다.

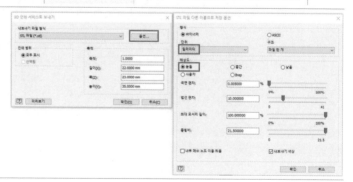

13

슬라이서 소프트웨어 작업용 파일로
저장한다(파일명.stl).

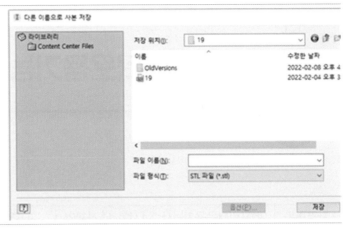

※ 최종 파일 제출 시 최종 제출파일 목록에 맞게 파일명을 변경해서 제출할 것

3D프린터운용기능사 공개도면 21

자격종목	3D프린터운용기능사	[시험 1] 과제명	3D모델링작업	척도	NS

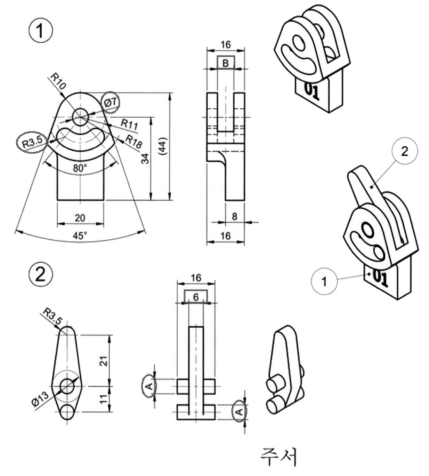

주서

1. 도시되고 지시없는 라운드는 **R3**

[조립 관련 치수 수정]
A=7이지만 조립을 위해 6으로 수정
B=6이지만 조립을 위해 7로 수정하여 사이 간격이 0.5mm가 되게 한다.

(1) 부품 ① 모델링하기

01

부품 ①을 모델링하기 위해 새로 만들기에서 '부품'을 선택한다.

02

2D 스케치 평면을 XY면으로 선택한다.

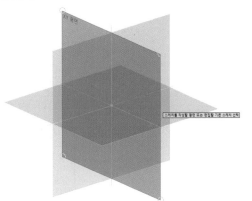

03

부품 ①의 스케치 형상을 치수에 맞게 스케치한다. 원 그리기를 이용해 동심원을 치수 구속으로 스케치한다.

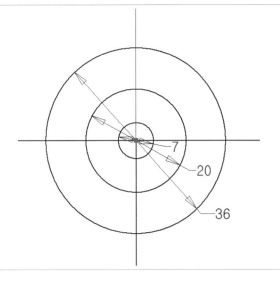

04

선 그리기를 이용하여 임의의 선분을
그린다.

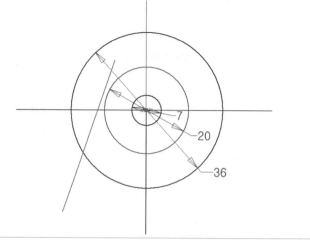

05

두 개의 선분을 그리고 구속조건의 접
선( )으로 원에 구속시키고 치수 구
속을 통해 각도를 기입한다. 자르기
(자르기)로 형상을 다듬어 준다.

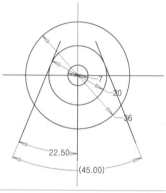

06

원의 중심에서 호 모양의 슬롯( )
을 스케치한다.

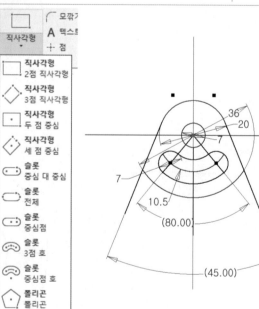

07

돌출(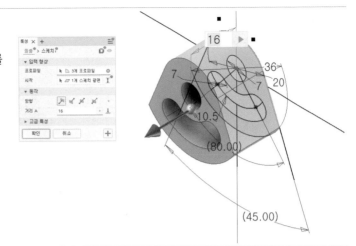) 툴을 활용하여 돌출 거리를
16mm로 설정한다.

08

전면부를 2D 스케치 면으로 선택한다.

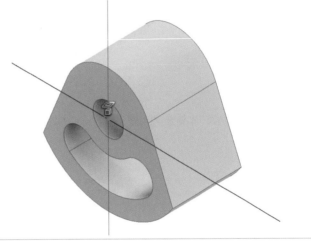

09

스케치 면을 형상 투영한 후 사각형을
그리고 사각형의 윗선 중심과 원의 중
심을 일치(└) 구속한다.

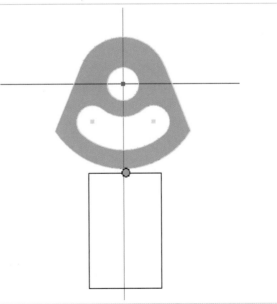

10

사각형에 치수 구속을 한다.

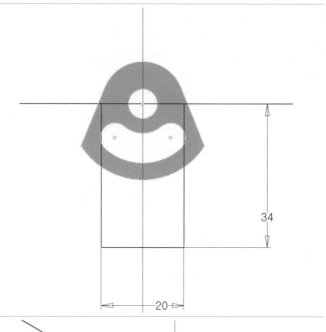

11

돌출(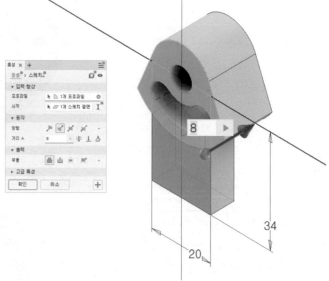) 툴을 활용하여 돌출 거리를
8mm로 설정한다.

12

두 평면 사이의 중간평면()을 생성
한다.

13

생성된 중간평면을 2D 스케치 면으로
선택한다.

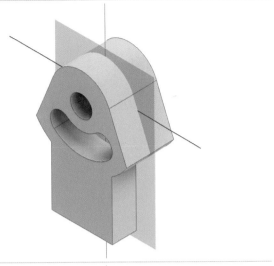

14

내부 홈을 만들기 위해 원을 그려 준다.

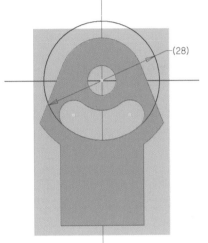

15

돌출( )을 이용하여 프로파일을 선
택하고 양방향으로 거리를 7mm로 잘
라내기를 한다.

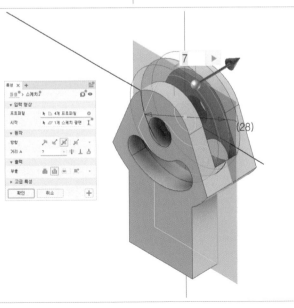

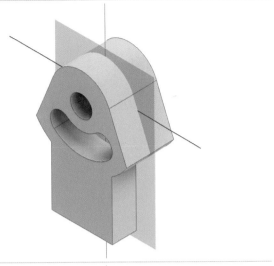

16

도시되고 지시없는 라운드 R3을 만들기 위해 모깎기(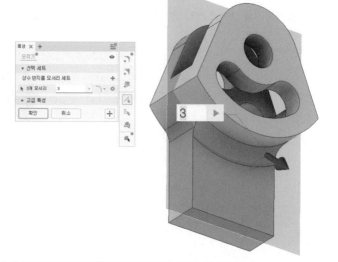)를 이용하여 해당 부위에 모깎기를 해 준다.

17

비번호 작성을 위해 텍스트(A 텍스트) 툴로 해당부위에 비번호를 기입하고 돌출 툴을 이용하여 1mm로 잘라내기 각인을 해 준다.

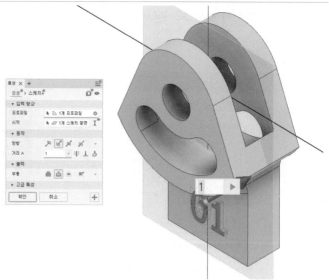

18

두 평면 사이의 중간평면이 있는 상태
에서 부품 ①을 파일명.ipt로 저장한다.

(2) 부품 ② 모델링하기

01

부품 ②를 모델링하기 위해 새로 만들기에서 '부품'을 선택한다.

02

2D 스케치 평면을 XY면으로 선택한다.

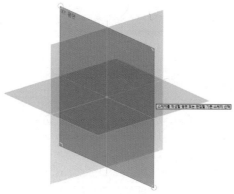

03

부품 ②의 스케치 형상을 치수에 맞게 스케치한다. 선 그리기를 이용하여 원의

위치를 잡아준다. 치수(치수) 구속조건을 활용하여 정확한 치수를 기입한다.

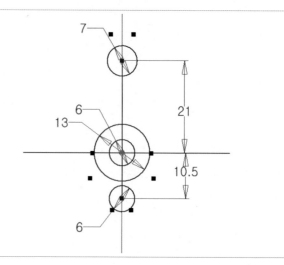

04

선 그리기로 임의의 선분을 4개 그린다.

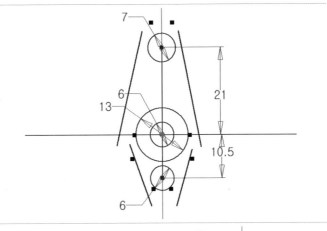

05

네 개의 선분을 구속조건의 접선(⟳)
으로 원에 구속시킨다.

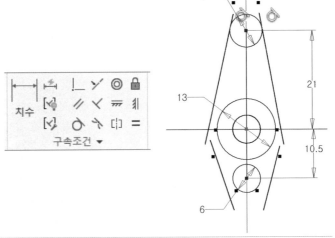

06

돌출(⬚) 기능으로 거리 6mm를 돌출
한다.

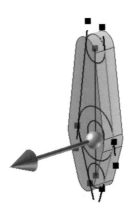

두 개의 축 부위 원을 돌출 툴을 이용
해 양방향으로 거리 16mm를 주고 돌
출시킨다.

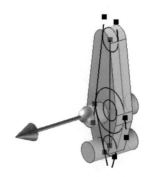

두 평면 사이를 중간평면()으로 설
정한다. 파일명.ipt로 저장한다.

(3) 부품 ①, ② 조립하기

01

부품 ①과 ②의 조립을 위해 조립창
(Standard.iam)을 열고 구성요소 배치를 선택한
다. 두 개의 부품을 저장한 폴더에서 부
품 ①과 ②를 선택한다.

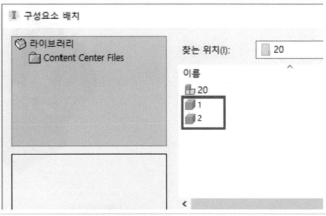

02

부품 ①과 ②를 불러온 상태

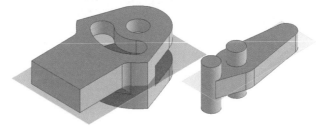

03

두 부품을 구속하기 위해 구속(구속)조
건 배치를 열고 축과 구멍의 중심을 메
이트시킨다.

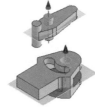

04

축과 구멍이 메이트된 상태이지만 전
체 중심이 맞지 않은 상태이다.

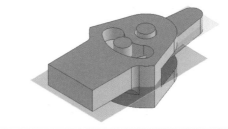

05

구속(구속)조건 배치를 다시 한 번 열어
서 두 부품에 미리 작성된 중간평면을
각각 선택하여 메이트시킨다.

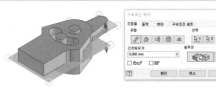

PART 03

3D프린터운용기능사 공개도면

06

두 부품이 조립된 상태

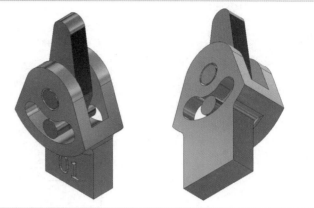

07

조립된 상태에서 해당하는 비번호로
저장한다(파일명.iam).

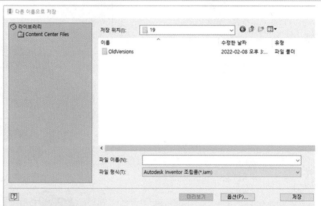

08

채점용 파일을 저장하기 위해 다른 이
름으로 사본 저장을 한다(파일명.stp).

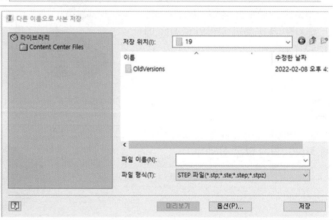

09

슬라이싱을 하기 위한 파일을 저장한다. [인쇄]–[3D 인쇄 서비스로 보내기]를 선택한다.

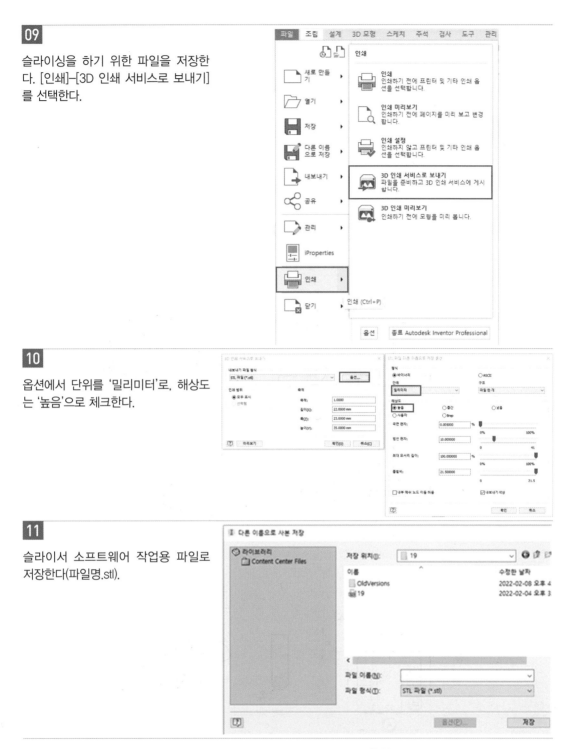

10

옵션에서 단위를 '밀리미터'로, 해상도는 '높음'으로 체크한다.

11

슬라이서 소프트웨어 작업용 파일로 저장한다(파일명.stl).

※ 최종 파일 제출 시 최종 제출파일 목록에 맞게 파일명을 변경해서 제출할 것

자격종목	3D프린터운용기능사	[시험 1] 과제명	3D모델링작업	척도	NS

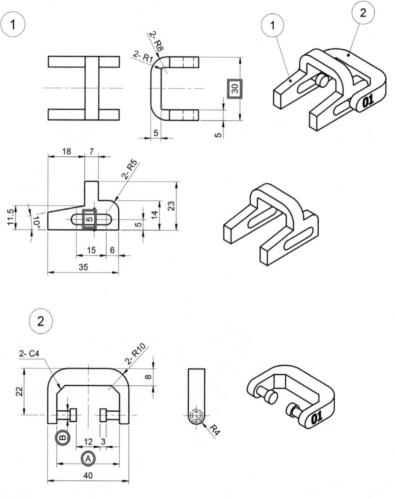

[조립 관련 치수 수정]
A=30이지만 조립을 위해 31로 수정
B=5이지만 조립을 위해 4로 수정하여 사이 간격이 0.5mm가 되게 한다.

(1) 부품 ① 모델링하기

01

부품 ①을 모델링하기 위해 새로 만들기에서 '부품'을 선택한다.

02

2D 스케치 평면을 XY면으로 선택한다.

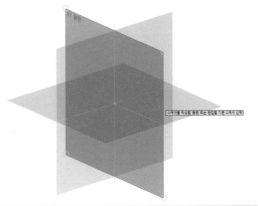

03

부품 ①의 스케치 형상을 치수에 맞게 스케치한다. 치수 (치수) 구속조건을 활용하여 정확하게 치수 기입한다.

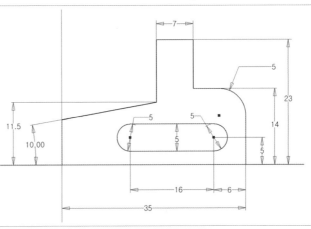

04

돌출(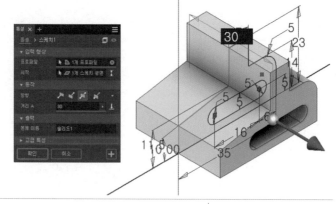 툴을 활용하여 돌출 거리를 30mm로 설정한다. 이때 스케치 면을 중심으로 대칭(◢)으로 돌출하도록 선택한다.

05

뒤쪽 면을 2D 스케치 면으로 선택한다.

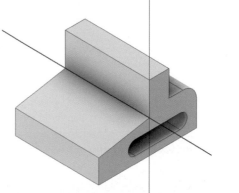

06

절단모서리(◢) 투영하여 모서리 선을 활성화 시킨다. 선 그리기와 치수 구속으로 사각형을 만든다.

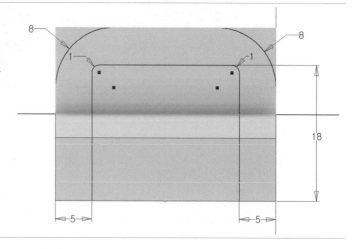

07

돌출(돌출) 툴을 활용하여 전체 관통을
설정하여 빼내기를 한다.

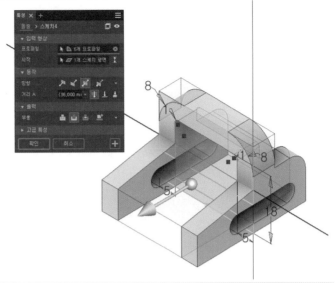

08

두 평면 사이의 중간평면을 선택하여
부품 ①의 중간에 평면을 만들고 저장
한다(저장파일 22_1.ipt).

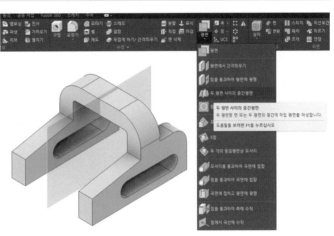

(2) 부품 ② 모델링하기

01

부품 ②를 모델링하기 위해 새로 만들기에서 '부품'을 선택한다.

02

2D 스케치 평면을 XY면으로 선택한다.

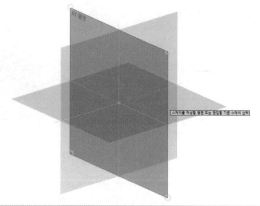

03

부품 ①의 스케치 형상을 치수에 맞게 스케치한다. 치수(치수) 구속조건을 활용하여 정확하게 치수 기입한다.

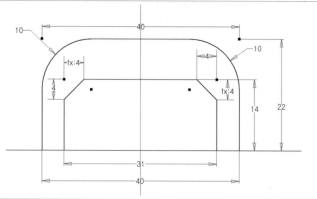

04

돌출(돌출) 툴을 활용하여 돌출 거리를 8mm로 설정한다.

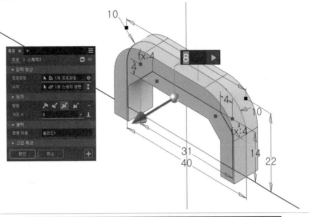

05

두 평면 사이의 중간평면을 선택하여 부품 ②의 중간에 평면을 만든다.

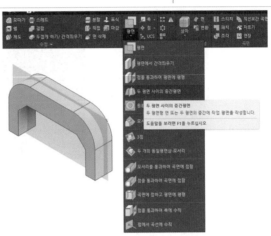

06

2D 스케치 면을 중간평면으로 선택한다.

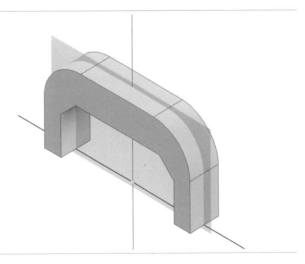

07

절단모서리(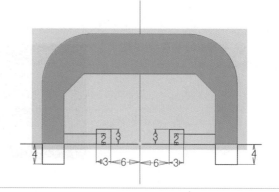) 투영하여 모서리 선

을 활성화시킨 후 치수 구속조건을 활용하여 정확하게 치수 기입한다. B부의 치수는 4mm로 정한다. 이때 도

형의 모양은 2점 사각형(▢)을 이용하는 것이 좋다.

08

회전(⟲) 툴을 사용하여 모델링한다.

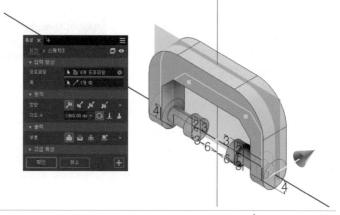

09

비번호를 삽입하기 위하여 도면에 제시된 부위를 2D 스케치 면으로 선택한다.

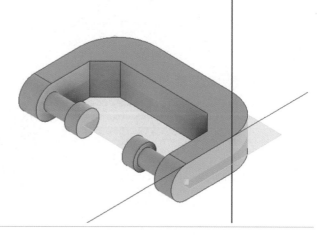

10

비번호 위치를 선택하고 문자 크기를
4mm, 굵을 글씨체로 설정한다.

11

텍스트의 돌출 깊이를 1mm로 하여 빼
내기 해준다.

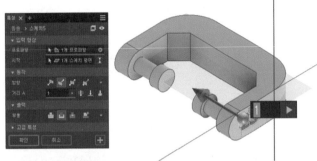

12

두 평면 사이의 중간평면을 선택하여
부품 ②의 중간에 평면을 만들고 저장
한다(저장파일 22_2.ipt).

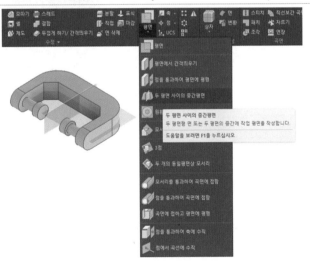

(3) 부품 ①, ② 조립하기

01

부품 ①과 ②의 조립을 위해 조립(Standard.iam) 창을 열고 구성요소 배치를 선택한다. 두 개의 부품을 저장한 폴더에서 부품 ① 과 ②를 선택한다.

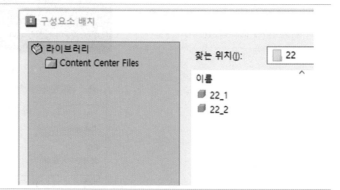

02

부품 ①과 ②를 불러 들어온 상태

03

구속(구속)조건 배치를 열어서 두 부품 에 미리 작성된 중간평면을 각각 선택 하여 메이트시켜 중간평면을 기준으로 정렬한다.

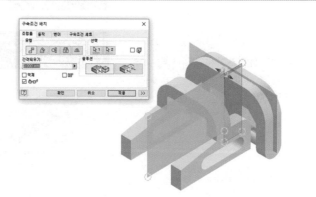

04

구속조건 배치에서 각도(⏃)를 선택하 여 지정각도를 0도로 적용한다.

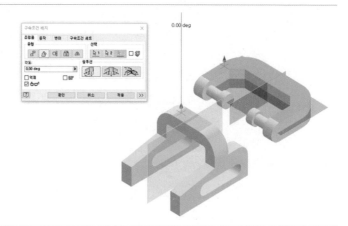

05

두 부품을 구속하기 위해 구속(구속) 조전 배치를 열고 축과 구멍의 중심을 메이트시킨다.

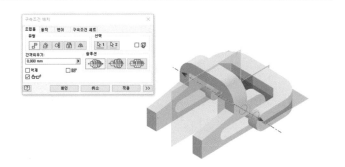

06

두 부품이 조립된 상태

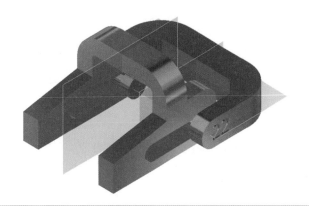

07

조립된 상태에서 해당하는 비번호로 저장한다(비번호.iam).

08

채점용 파일을 저장하기 위해 다른 이름으로 사본저장을 한다(비번호.stp).

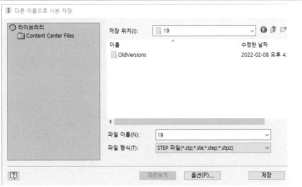

09

슬라이싱을 하기 위한 파일을 저장한
다. 인쇄-3D 인쇄 서비스로 보내기를
선택한다.

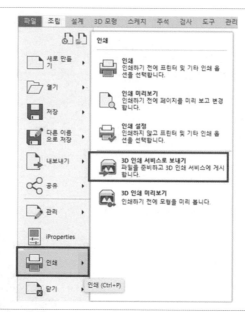

10

옵션에서 단위를 '밀리미터'로, 해상도
는 '높음'으로 체크한다.

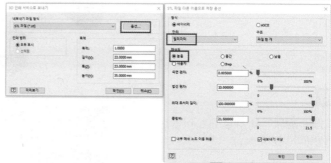

11

슬라이서 소프트웨어 작업용 파일로
저장한다(비번호.stl).

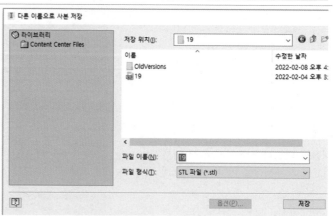

자격종목	3D프린터운용기능사	[시험 1] 과제명	3D모델링작업	척도	NS

① R8 R10.5 R17.5 R15

A   A

33

단면, A-A

② ①

01

Ø16 Ø8 Ø20 C3

3.5

13.5

4.5

Ø12 10

01

② Ø10

5

2

Ø10

A B

27

7

3

Ø34

Ø22

6

주서

1. 지시없는 모깍기 R3

[조립 관련 치수 수정]
A=8이지만 조립을 위해 7로 수정
B=9이지만 조립을 위해 10으로 수정하여 사이 간격이 0.5mm가 되게 한다(치수 B=13.5-4.5=9).

(1) 부품 ① 모델링하기

01

부품 ①을 모델링하기 위해 새로 만들기에서 '부품'을 선택한다.

02

2D 스케치 평면을 XY면으로 선택한다.

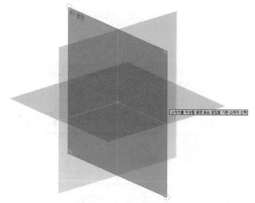

03

부품 ①의 스케치 형상을 치수에 맞게 스케치한다. 치수(⊞) 구속조건을 활용하여 정확하게 치수 기입하여 스케치한다.

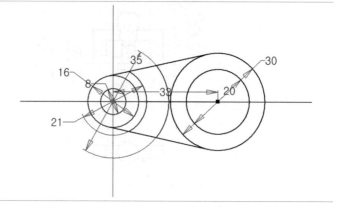

04

돌출( ) 툴을 활용하여 구멍 부위를 뺀 형상을 선택하여 돌출을 13.5mm로 한다.

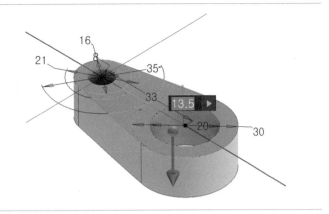

05

돌출( ) 툴을 빠져나가지 않은 상태에서 우측하단의 (+)버튼을 클릭하여 연속적으로 해당 부위를 선택하여 돌출거리를 7mm로 설정한 후 빼내기한다.

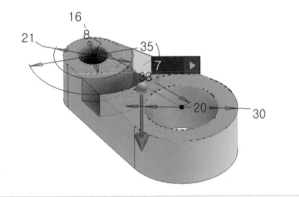

06

다음 돌출 작업을 위해 바로 (+)탭을 클릭하여 해당부위를 선택하고 돌출거리를 3.5mm로 빼내기한다.

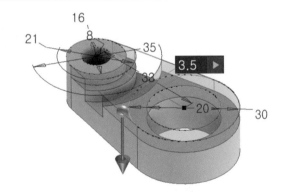

07

모따기(모따기) 툴을 활용하여 모따기 거리를 3mm로 설정한 후 해당부위를 지정하여 모따기를 완성한다.

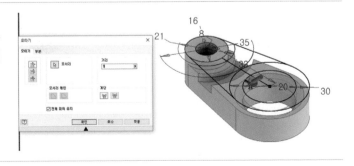

08

바닥면을 2D스케치면으로 선택한다.

09

절단모서리(절단 모서리 투영) 투영하여 모서리 선
을 활성화시킨다. 12mm원을 만든다.

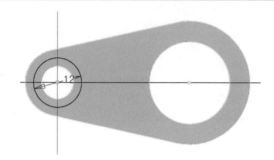

10

돌출(돌출) 툴을 활용하여 바깥쪽 원을
선택한 후 돌출 거리를 4.5mm로 빼내
기한다.

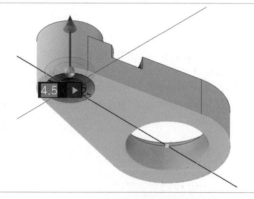

11

비번호 각인을 위해 비번호가 있는 면
을 2D 스케치 면으로 선택한다.

12

비번호 위치를 선택하고 문자크기를
6mm, 굵은 글씨체로 설정한다.

13

텍스트의 돌출 깊이를 0.5mm로 하여
빼내기 해준다.

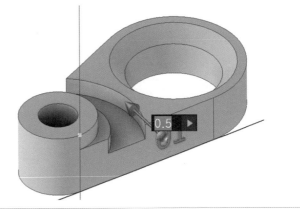

14

두 평면 사이의 중간평면을 선택하여
부품 ①의 중간에 평면을 만들고 저장
한다(저장파일 23_1.ipt).

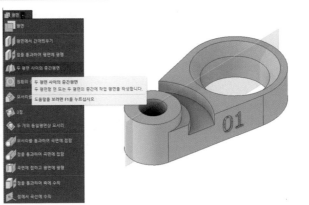

(2) 부품 ② 모델링하기

01

부품 ②를 모델링하기 위해 새로 만들기에서 '부품'을 선택한다.

02

2D 스케치 평면을 XY면으로 선택한다.

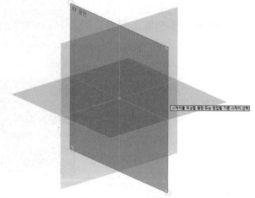

03

부품 ②의 스케치 형상을 치수에 맞게

스케치한다. 치수(치수) 구속조건을 활용하여 정확하게 치수 기입한다. 회전체로 만들기 때문에 회전부위는 절반만 그려준다. 2점 사각형그리기를 활용하여 그리면 편리하다. 이때 A부 치수는 7mm로, B부 치수는 10mm로 설정하여 그리도록 한다.

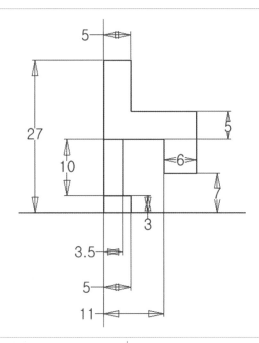

04

회전(회전) 툴을 활용하여 회전면을 선택하여 360도 회전시킨다.

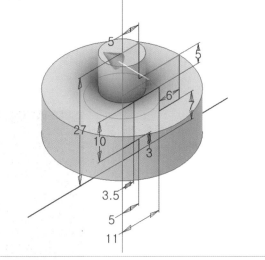

05

주서에 지시 없는 모깎기 R3로 되어 있어서 모깎기(모깎기)의 크기를 3mm로 하여 해당 모서리를 선택한 후 모깎기 해준다.

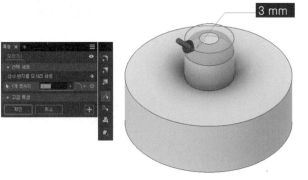

06

위쪽 면을 2D 스케치 면으로 선택한다.

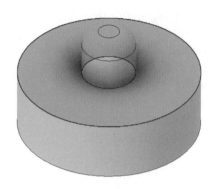

07

절단모서리(절단 모서리 투영) 투영하여 모서리 선
을 활성화 시킨다. 선그리기로 3개의

수평선을 긋고 치수(치수) 구속조건을
활용하여 정확하게 치수 기입한다.

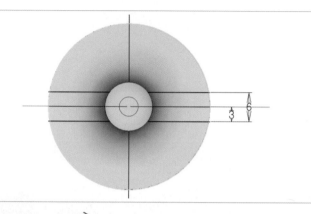

08

돌출(돌출) 툴을 활용하여 돌출 거리를
전체 관통으로 설정한다.

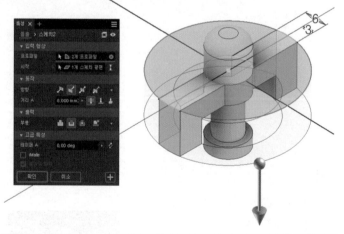

09

아랫 면을 2D 스케치 면으로 선택한다.

10

절단모서리(절단모서리 투영) 투영하여 모서리 선을 활성화시킨다.

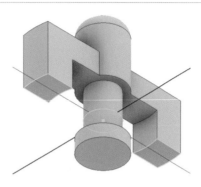

11

절단모서리(절단모서리 투영)로 투영한 스케치를 돌출(돌출) 툴을 활용하여 돌출 거리를 5mm로 설정하여 돌출한다.

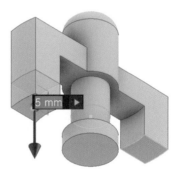

12

두 평면 사이의 중간평면을 선택하여 부품 ①의 중간에 평면을 만들고 저장한다(저장파일 23_2.ipt).

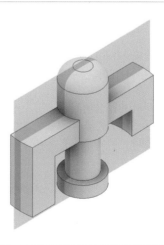

(3) 부품 ①, ② 조립하기

01

부품 ①과 ②의 조립을 위해 조립(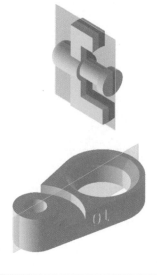Standard.iam) 창을 열고 구성요소 배치를 선택한다. 두 개의 부품을 저장한 폴더에서 부품 ① 과 ②를 선택한다.

02

두 부품을 구속하기 위해 구속조건

배치(구속)를 열고 축과 구멍의 중심을 메이트시킨다.

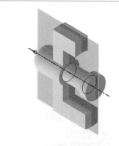

03

축과 구멍이 메이트된 상태이지만 전 체 중심이 맞지 않은 상태이다. 구속

(구속)조건 배치를 다시 한번 열어서 두 부품에 미리 작성된 중간평면을 각각 선택하여 메이트시킨다.

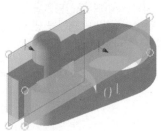

04

두 부품의 B부를 구속하기 위해 구속

조건 배치(구속)를 열고 그림과 같이 접
하는 부위 두 곳을 선택한 후 간격띄우
기 0.5mm를 설정하고 메이트시킨다.

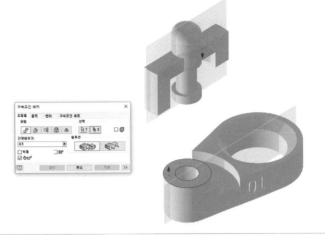

05

두 부품이 조립된 상태

06

조립된 상태에서 해당하는 비번호로
저장한다(비번호.iam).

07

채점용 파일을 저장하기 위해 다른 이름으로 사본저장을 한다(비번호.stp).

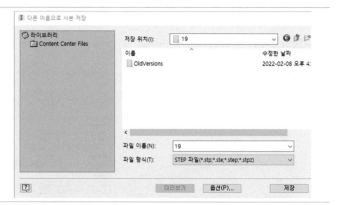

08

슬라이싱을 하기 위한 파일을 저장한다. [인쇄]-[3D 인쇄 서비스로 보내기]를 선택한다.

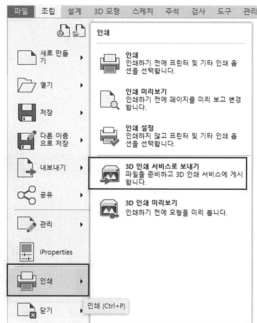

09

옵션에서 단위를 '밀리미터'로, 해상도는 '높음'으로 체크한다.

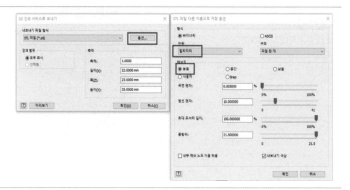

10

슬라이서 소프트웨어 작업용 파일로
저장한다(비번호.stl).

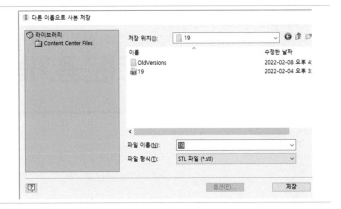

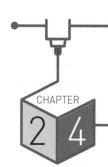

자격종목	3D프린터운용기능사	[시험 1] 과제명	3D모델링작업	척도	NS

①

②

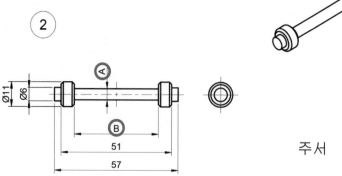

주서

1. 지시없는 모따기 C1

[조립 관련 치수 수정]
A=6이지만 조립을 위해 5로 수정
B=38이지만 조립을 위해 39로 수정하여 사이 간격이 0.5mm가 되게 한다.

(1) 부품 ① 모델링하기

01

부품 ①을 모델링하기 위해 새로 만들기에서 '부품'을 선택한다.

02

2D 스케치 평면을 XY면으로 선택한다.

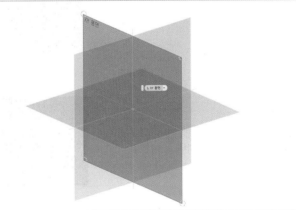

03

부품 ①을 스케치 하기 위해 선 그리기와 치수 구속(치수)으로 형상을 만든다.

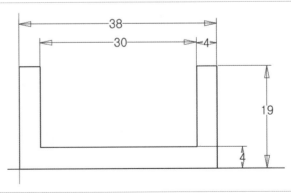

04

도면의 치수와 같이 모따기(⌒ 모따기)툴으로 3mm와 모깎기(⌒ 모깎기) 툴으로 4mm를 만들어준다.

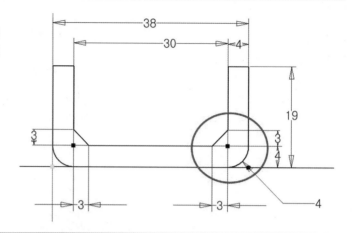

05

돌출(▦)을 위해 형상에 해당하는 면을 프로파일로 선택하고 양방향(▨)으로 29mm 돌출한다.

 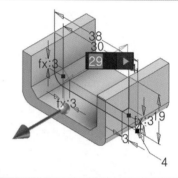

06

모깎기(◉) 툴을 이용해 6mm 모깎기를 4군데 모서리를 택하여 완성한다.

 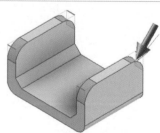

07

측면을 2D 스케치 면으로 선택하고 절단모서리 투영(⬦)을 하도록 한다.

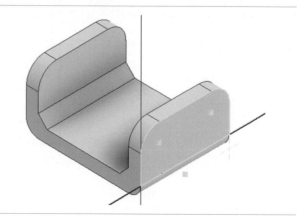

08

절단모서리로 생긴 중심점을 기준으로
사각형 그리기의 슬롯(중심 대 중심)
기능으로 스케치하고 치수구속한다.

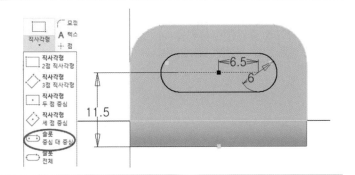

09

돌출(돌출)에서 슬롯부분을 선택하여 전
체 관통 빼내기로 형상을 완성시킨다.

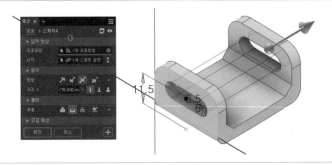

10

텍스트(A 텍스트)를 이용하여 도면에
해당하는 부위에 비번호를 기입한다.

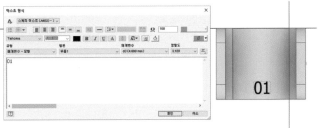

11

돌출(돌출) 툴으로 텍스트를 선택하여
1mm로 빼주기 각인을 해준다.

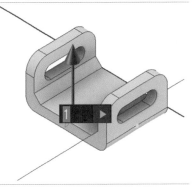

12

두 평면 사이의 중간평면()을 선택한 후 부품 ①을 저장한다(저장파일 24_1.ipt).

(2) 부품 ② 모델링하기

01

부품 ②를 모델링하기 위해 새로 만들기에서 '부품'을 선택한다.

02

2D 스케치 평면을 XY면으로 선택한다.

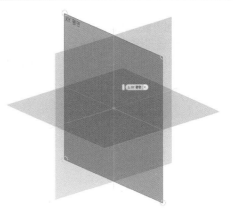

03

부품 ②의 스케치 형상을 치수에 맞게 스케치한다. 치수(▣ 치수) 구속조건을 활용하여 정확하게 치수 기입한다. 이때 형상은 직사각형(▭ 직사각형) 툴을 이용하는 것이 좋다. 회전형으로 만들기 때문에 A부 치수는 5mm의 절반인 2.5로 치수 기입하고 B 치수는 39mm로 설정하는 것에 유의한다.

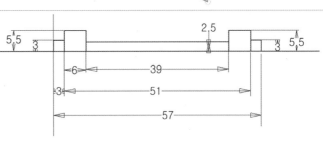

04

회전(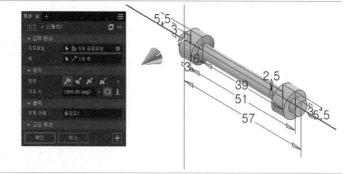회전) 툴을 활용하여 형상을 완성
한다.

05

모따기(모따기) 툴을 활용하여 주서에
표시되어 있는 지시없는 모따기 1을
해당하는 모서리 4곳을 지정하여 만들
어 준다.

06

두 평면 사이의 중간평면을 선택하여
부품 ②의 중간에 평면을 만들고 저장
한다(저장파일 24_2.ipt).

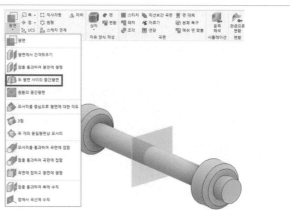

(3) 부품 ①, ② 조립하기

01

부품 ①과 ②의 조립을 위해 조립(Standard.iam)

창을 열고 구성요소 배치(배치)를 선택
한다. 두 개의 부품을 저장한 폴더에서
부품 ①과 ②를 선택한다.

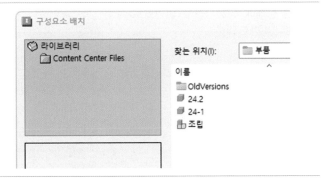

02

부품 ①과 ②를 불러 들어온 상태

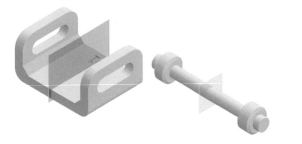

03

구속(구속)조건 배치를 열어서 두 부품
에 미리 작성된 중간평면을 각각 선택
하여 메이트시켜 중간평면을 기준으로
정렬한다.

 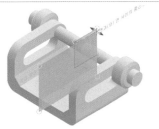

04

구속(구속)조건 배치에서 부품 ①의 구
멍 중심선과 부품 ②의 중심 축선을 선
택하여 중심선을 일치 구속시킨다.

05

두 부품이 조립된 상태

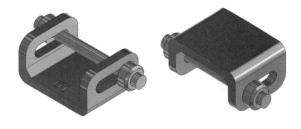

06

조립된 상태에서 해당하는 비번호로
저장한다(비번호.iam).

07

채점용 파일을 저장하기 위해 다른 이
름으로 사본 저장을 한다(비번호.stp).

08

슬라이싱을 하기 위한 파일을 저장한
다. [인쇄]-[3D 인쇄 서비스로 보내기]
를 선택한다.

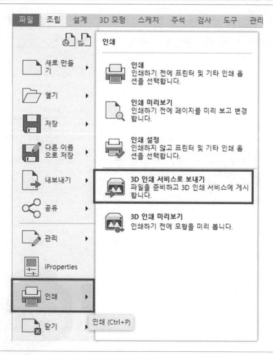

09

옵션에서 단위를 '밀리미터'로, 해상도
는 '높음'으로 체크한다.

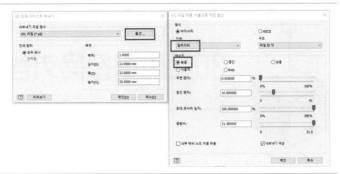

10

슬라이서 소프트웨어 작업용 파일로
저장한다(비번호.stl).

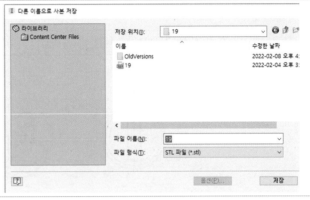

PART 03

3D프린터운용기능사 공개도면

자격종목	3D프린터운용기능사	[시험 1] 과제명	3D모델링작업	척도	NS

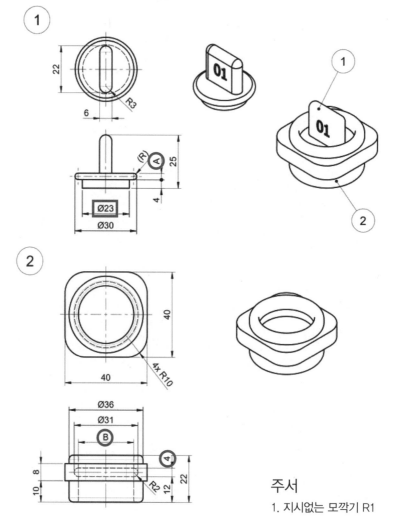

주서
1. 지시없는 모깍기 R1

[조립 관련 치수 수정]
A=4이지만 조립을 위해 3으로 수정
B=23이지만 조립을 위해 24로 수정하여 사이 간격이 0.5mm가 되게 한다.

(1) 부품 ① 모델링하기

`01`

부품 ①을 모델링하기 위해 새로 만들기에서 '부품'을 선택한다.

`02`

2D 스케치 평면을 XY면으로 선택한다.

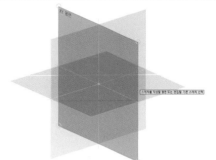

`03`

부품 ①의 스케치 형상을 치수에 맞게 스케치한다. 치수(치수) 구속조건을 활용하여 정확한 치수를 기입한다. 이때 도면의 A부 치수인 3mm 치수에 유의한다.

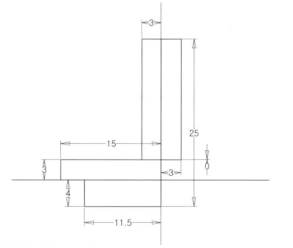

`04`

아래쪽에 사각형 두 개를 잡아 회전(회전) 툴을 사용하여 회전체를 만든다.

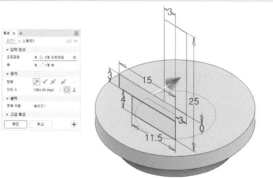

05

검색기 모형에서 스케치 1을 우클릭하여 대화창을 생성한다. 이때 가시성 클릭하여 먼저 그려 놓은 스케치 1의 가시성을 활성화한다.

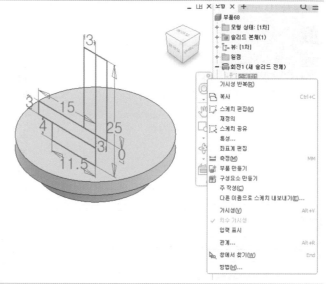

06

돌출( ) 툴을 활용하여 사각형을 선택하고 대칭( )으로 돌출 거리를 22mm로 설정한다.

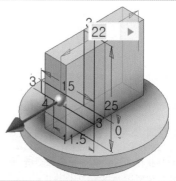

07

모깎기( ) 툴을 활용하여 3mm로 설정하고 모깎기를 한다.

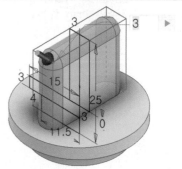

08

모깎기( ) 툴을 활용하여 1.5mm로 설정하고 모깎기를 한다.

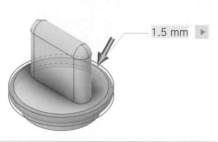

09

비번호가 각인될 면을 선택하여 2D 스케치 면으로 선택한다.

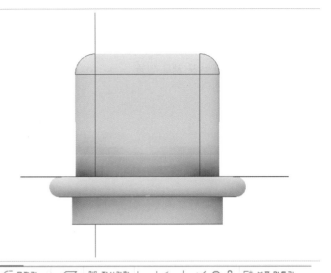

10

비번호 위치를 선택하고 문자 크기를 7mm, 굵은 글씨체로 설정한다.

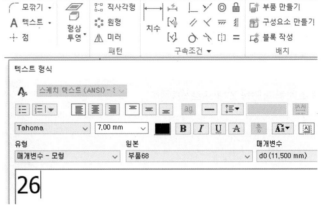

11

텍스트의 돌출 깊이를 1mm로 하여 절단한 후 부품 ①을 저장한다(저장파일 26_1.ipt).

(2) 부품 ② 모델링하기

부품 ②를 모델링하기 위해 새로 만들기에서 '부품'을 선택한다.

02

2D 스케치 평면을 XY면으로 선택한다.

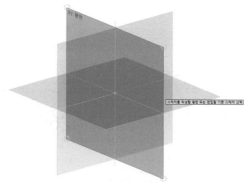

03

부품 ②의 스케치 형상을 치수에 맞게 스케치한다. 두 점 중심 사각형 (□ 직사각형 두 점 중심)을 이용하여 화면의 중앙에 사각박스를 완성한다.

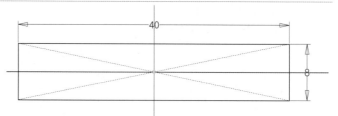

04

돌출(돌출) 툴을 활용하여 대칭으로 돌출 거리를 40mm로 설정한다.

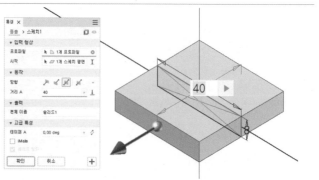

05

모깎기(🔲 모깎기) 툴을 활용하여 10mm
로 설정하고 모서리 4곳의 모깎기를
한다.

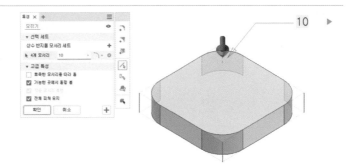

06

두 평면 사이의 중간평면(🔲)을 선택
하여 2D 스케치 면으로 선택한다.

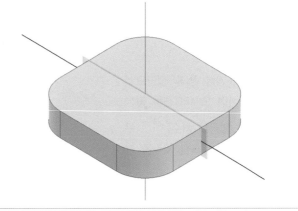

07

스케치 면을 기준으로 그래픽슬라이스
를 하기 위해 F7키를 누른다. 절단모서
리(🔲) 투영하여 모서리 선을 활성
화시킨 후 치수(🔲) 구속조건을 활용
하여 정확한 치수를 기입한다.

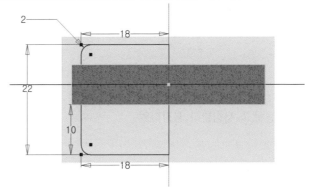

08

회전(🔲) 툴을 사용하여 모델링한다.

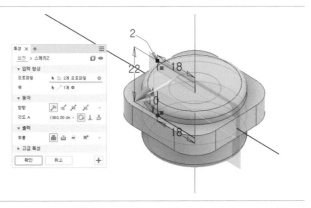

09

중간평면을 선택하여 2D 스케치 면으로 선택한다.

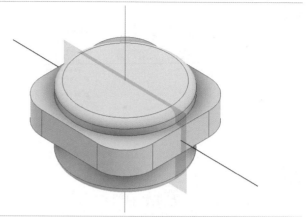

10

그래픽슬라이스(F7)를 한 후 절단모서리(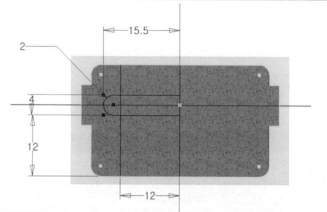) 투영하여 모서리 선을 활성화시킨다. 내부 형상을 치수(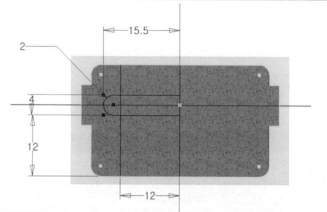) 구속조건을 활용하여 정확한 치수를 기입한다.

11

회전(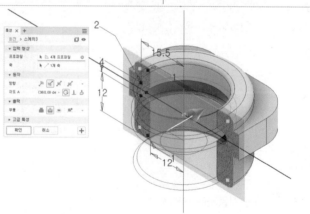) 툴을 사용하여 내부를 절단(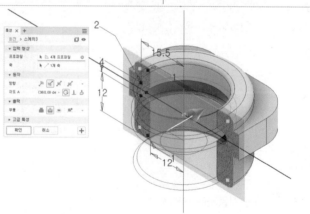)모델링하고 저장한다(저장파일 26_2.ipt).

(3) 부품 ①, ② 조립하기

01

부품 ①과 ②의 조립을 위해 조립창()을 열고 구성요소 배치를 선택한다. 두 개의 부품을 저장한 폴더에서 부품 ①과 ②를 선택한다.

02

부품 ①과 ②를 불러 들어온 상태

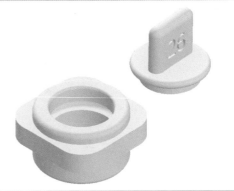

03

부품 ②를 우클릭한 후 고정을 눌러 부품 ②를 고정시킨다.

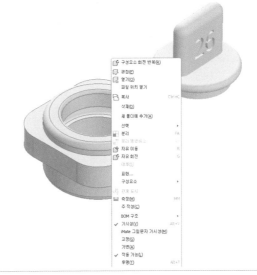

04

구속()조건 배치를 열어서 두 부품의 중심을 메이트시킨다.

05

두 부품을 구속하기 위해 구속(구속)조건 배치를 연다. 부품 ①과 ②를 조립하기 위해 두 부품의 기준평면을 선택하여 간격띄우기를 −6.5mm로 적용하면 공차를 유지하며 조립이 된다.

06

두 부품이 조립된 상태

07

조립된 상태에서 해당하는 비번호로 저장한다(비번호.iam).

08

채점용 파일을 저장하기 위해 다른 이름으로 사본 저장을 한다(비번호.stp).

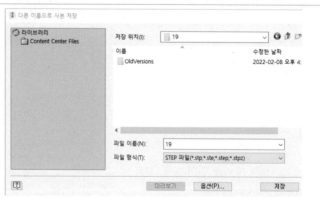

09

슬라이싱을 하기 위한 파일을 저장한
다. [인쇄]-[3D 인쇄 서비스로 보내기]
를 선택한다.

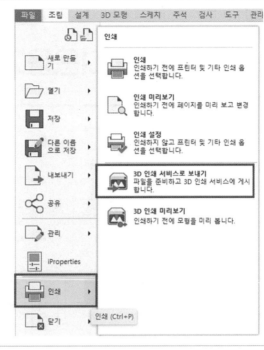

10

옵션에서 단위를 '밀리미터'로, 해상도
는 '높음'으로 체크한다.

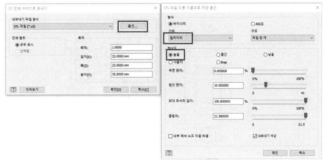

11

슬라이서 소프트웨어 작업용 파일로
저장한다(비번호.stl).

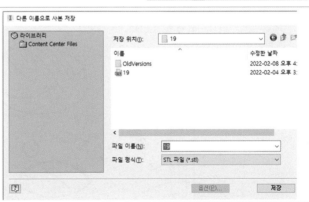

자격종목	3D프린터운용기능사	[시험 1] 과제명	3D모델링작업	척도	NS

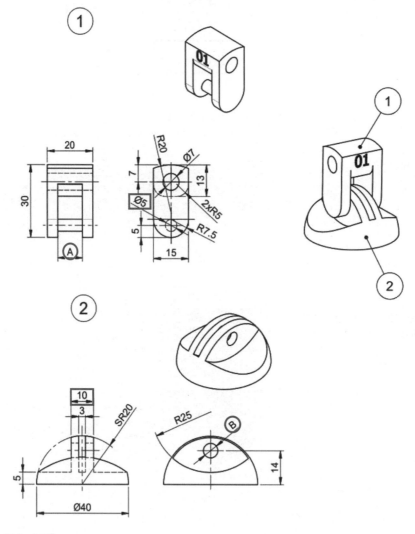

[조립 관련 치수 수정]
A=10이지만 조립을 위해 11로 수정
B=5이지만 조립을 위해 6으로 수정하여 사이 간격이 **0.5mm**가 되게 한다.

(1) 부품 ① 모델링하기

01

부품 ①의 스케치 형상을 치수에 맞게
스케치한다. 치수( ) 구속조건을 활
용하여 정확한 치수를 기입한다.

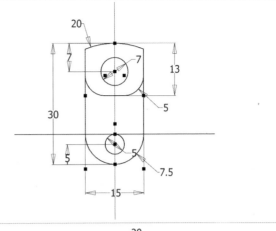

02

돌출( ) 툴을 활용하여 돌출로 전체
를 도면에 나온 치수 20mm만큼 대칭
( )으로 돌출한다.

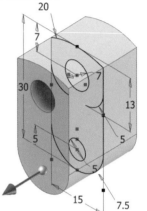

03

돌출 추가( )를 하여 아래쪽 절단 부
위를 프로파일로 선택한 후 대칭( )
으로 11mm 절단한다.

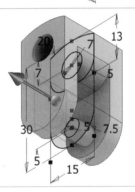

04

비번호가 들어갈 위치를 스케치 면으
로 선택하고 문자 크기를 6mm, 굵은
글씨체로 설정한다. 텍스트의 돌출 깊
이를 1mm로 하여 절단한다.

(2) 부품 ② 모델링하기

01

부품 ②의 스케치 형상을 치수에 맞게
스케치한다.

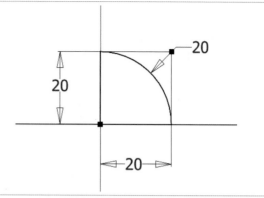

02

회전() 툴을 활용하여 전체를 회전
하여 반구를 만든다.

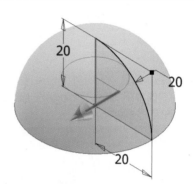

03

중심에 XY평면을 선택하고 스케치 면
으로 선택한다.

04

그림과 같이 스케치 면에 회전할 모양
을 치수에 맞게 그려 준다.

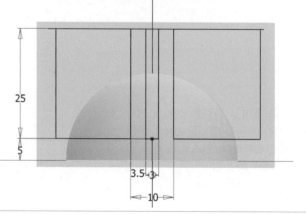

05

회전(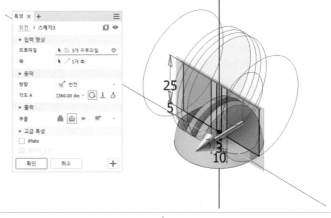) 툴을 사용하여 전체를 절단해 준다.

06

측면을 스케치 면으로 잡고 부품 ①과 연결이 될 부분을 치수에 맞게 스케치한다.

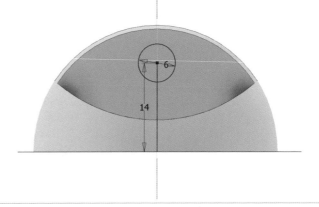

07

스케치 된 구멍을 돌출 기능으로 절단한다.

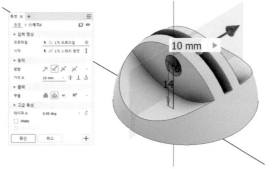

08

부품 ①과 부품 ②의 중간평면을 만들어주고 저장한다.

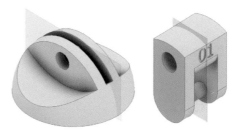

(3) 부품 ①, ② 조립하기

01

조립품에 부품 ①과 부품 ②를 불러온 다음에 중간평면을 잡아서 메이트시킨다.

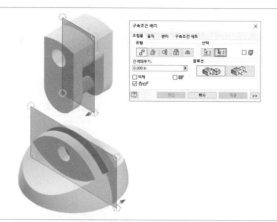

02

원의 중심축을 잡고 부품 ①과 부품 ②를 메이트시킨다.

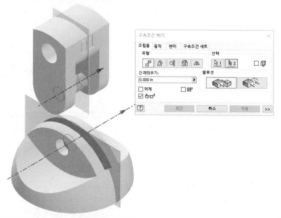

03

서포터가 최대한 많이 생기지 않는 방향으로 각도 메이트시킨다.

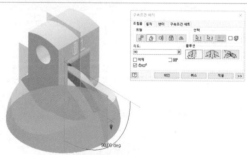

04

두 부품이 조립된 상태

05

조립된 상태에서 해당하는 비번호로
저장한다(비번호.iam).

06

채점용 파일을 저장하기 위해 다른 이
름으로 사본 저장을 한다(비번호.stp).

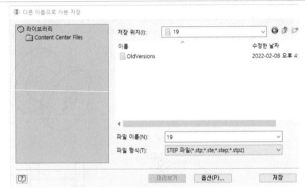

07

슬라이싱을 하기 위한 파일을 저장한
다. [인쇄]-[3D 인쇄 서비스로 보내기]
를 선택한다.

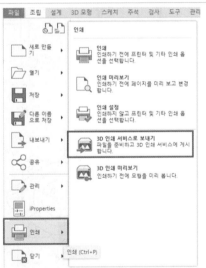

08

옵션에서 단위를 '밀리미터'로, 해상도
는 '높음'으로 체크한 후 저장하면 비번
호.stl 파일이 생성된다.

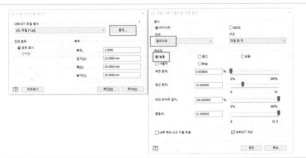

자격종목	3D프린터운용기능사	[시험 1] 과제명	3D모델링작업	척도	NS

① ② ① ②

[조립 관련 치수 수정]
A=17이지만 조립을 위해 18로 수정
B=15이지만 조립을 위해 14로 수정하여 사이 조립 틈새가 0.5mm가 되게 한다.

(1) 부품 ① 모델링하기

01

부품 ①의 스케치 형상을 치수에 맞게 치수( ) 구속조건을 활용하여 스케치한다. A부 치수는 품번 ②와 조립하기 위해 18mm로 결정한다(조립공차 적용으로 인해 한쪽의 치수는 3mm가 된다).

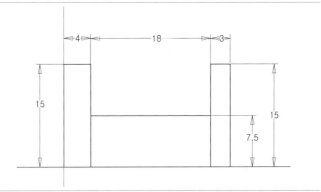

02

회전( ) 툴을 활용하여 3개의 프로파일을 잡고 중심축을 선택하여 회전체를 완성한다.

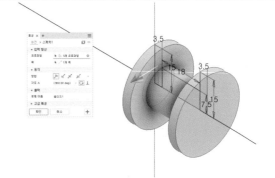

03

4mm 두께의 원판 측면을 스케치 면으로 선택한다.

04

그림과 같이 스케치를 한다. 치수( ) 구속조건을 활용하여 정확한 치수를 기입한다.

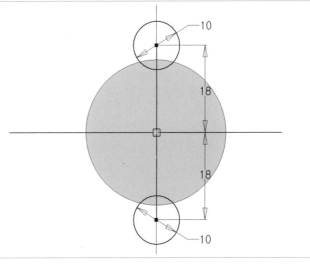

05

돌출( ) 툴을 활용하여 4mm만큼 절단한다.

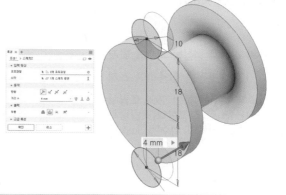

06

비번호 위치를 선택하고 문자 크기를 6mm, 굵은 글씨체로 설정한다.

07

돌출( ) 툴을 활용하여 1mm만큼 절단해 준다.

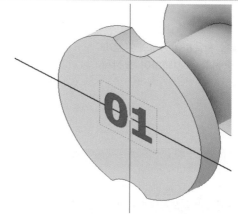
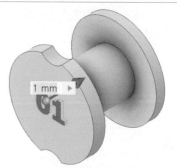

08

두 평면 사이의 중간평면을 선택하여 부품 ①의 중간에 평면을 만들고 저장한다(저장파일 27-1.ipt).

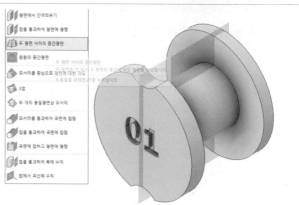

(2) 부품 ② 모델링하기

01

부품의 ②의 스케치 형상을 치수에 맞게 스케치한다. 치수(⊢⊣) 구속조건을 활용하여 정확한 치수를 기입한다.

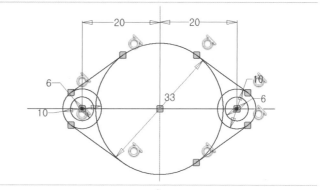

02

돌출( ) 툴을 활용하여 5mm 돌출해 준다.

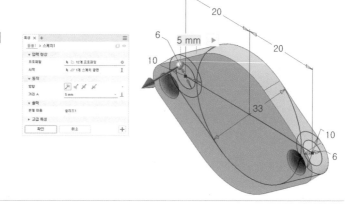

03

위쪽 면을 스케치 면으로 잡은 후 지름 25mm 원을 스케치한다.

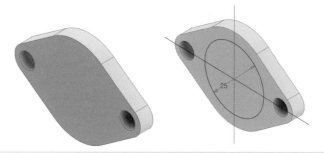

04

돌출( ) 툴을 활용하여 2mm 돌출해 준다.

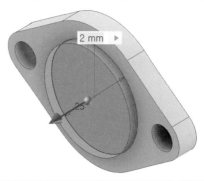

05

뒤쪽 면을 스케치 면으로 선택한 후 지름 25mm 원을 그려준다. 돌출(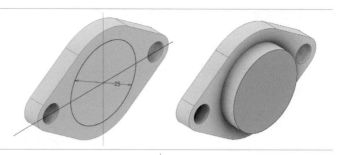돌출) 툴을 활용하여 5mm 돌출해 준다. 5mm 돌출을 한 후 그 면을 바로 스케치 면으로 선택한다.

06

문제 도면의 바닥 면을 치수에 맞게 스케치한다.

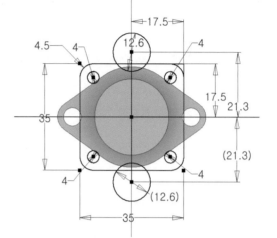

07

돌출(돌출) 툴을 활용하여 5mm 해당 부분을 프로파일로 선택하고 돌출해 준다.

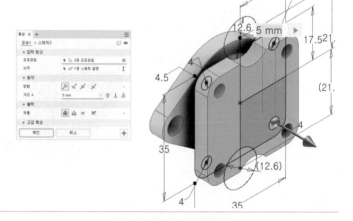

08

바닥 면을 스케치 면으로 선택한다.

09

스케치 면에 공차를 적용한 B 치수 값인 지름 16mm 원을 그려준다.

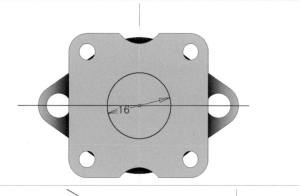

10

돌출(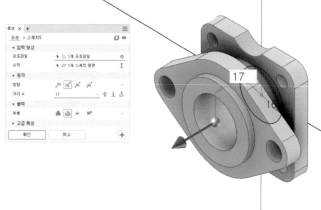 툴을 활용하여 17mm 이상 또는 전체 관통으로 구멍을 뚫어 준다.

11

두 평면 사이의 중간평면을 선택하여 부품 ②의 중간에 평면을 만들고 저장한다(저장파일 27-2.ipt).

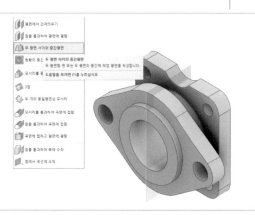

(3) 부품 ①, ② 조립하기

01

부품 ①과 ②의 조립을 위해 조립창(Standard.iam)

을 열고 구성요소 배치(배치)를 선택
한다. 두 개의 부품을 저장한 폴더에서
부품 ①과 ②를 선택한다.

02

두 부품을 구속하기 위해 구속(구속조건)조
건 배치를 열고 축과 구멍의 중심을 메
이트시킨다.

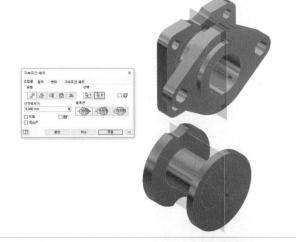

03

축과 중심이 메이트 된 상태이지만 전
체 중심이 맞지 않은 상태이다. 구속
(구속조건)조건 배치를 다시 한번 열어서 두
부품에 미리 작성된 중간평면에 각각
선택하여 메이트시킨다.

04

부품 ①, ②의 면과 면 사이를 띄워주기
위해 구속( )조건 배치를 열고 선택
된 면을 0.5mm 띄운 후 메이트시킨다.

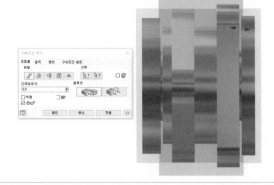

05

단면을 활용하여 조립 부분에 틈새 부분이 떨어져 있는 것을 확인한다.

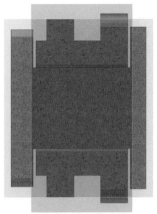

06

두 부품이 조립된 상태

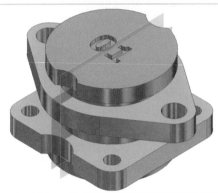

07

조립된 상태에서 해당하는 비번호로 저장한다(비번호.iam).

08

채점용 파일을 저장하기 위해 다른 이름으로 사본 저장을 한다(비번호.stp).

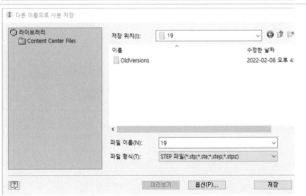

09

슬라이싱을 하기 위한 파일을 저장한
다. [인쇄]-[3D 인쇄 서비스로 보내기]
를 선택한다.

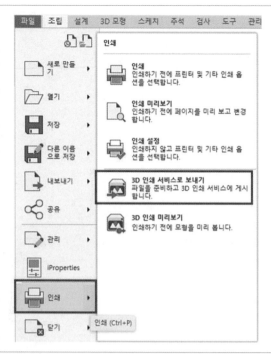

10

옵션에서 단위를 '밀리미터'로, 해상도
는 '높음'으로 체크한다.

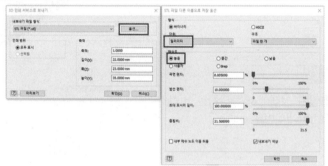

11

슬라이서 소프트웨어 작업용 파일로
저장한다(비번호.stl).

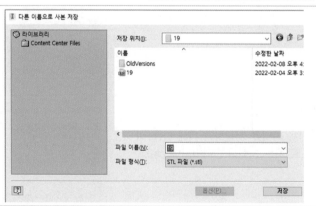

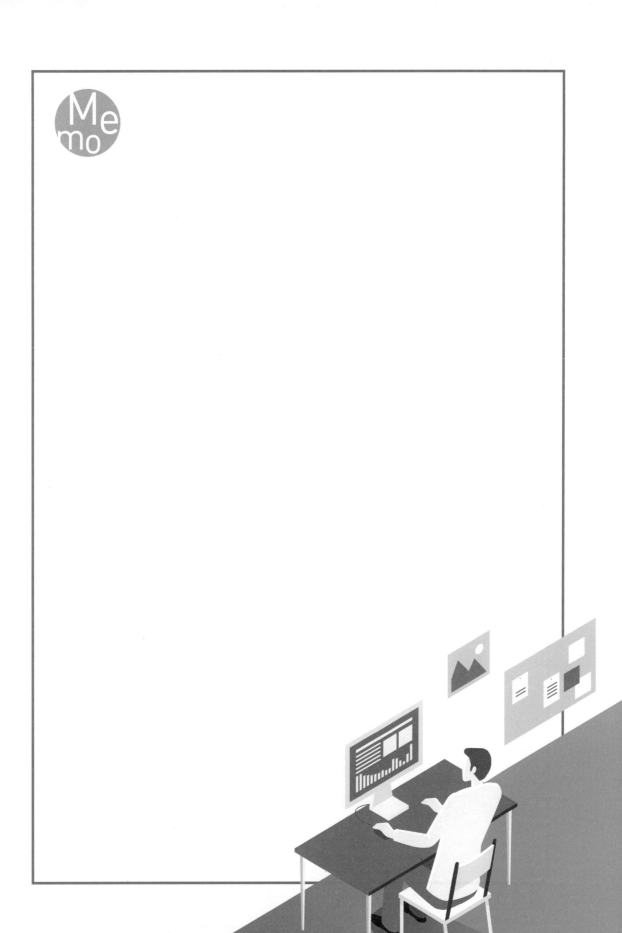

Memo

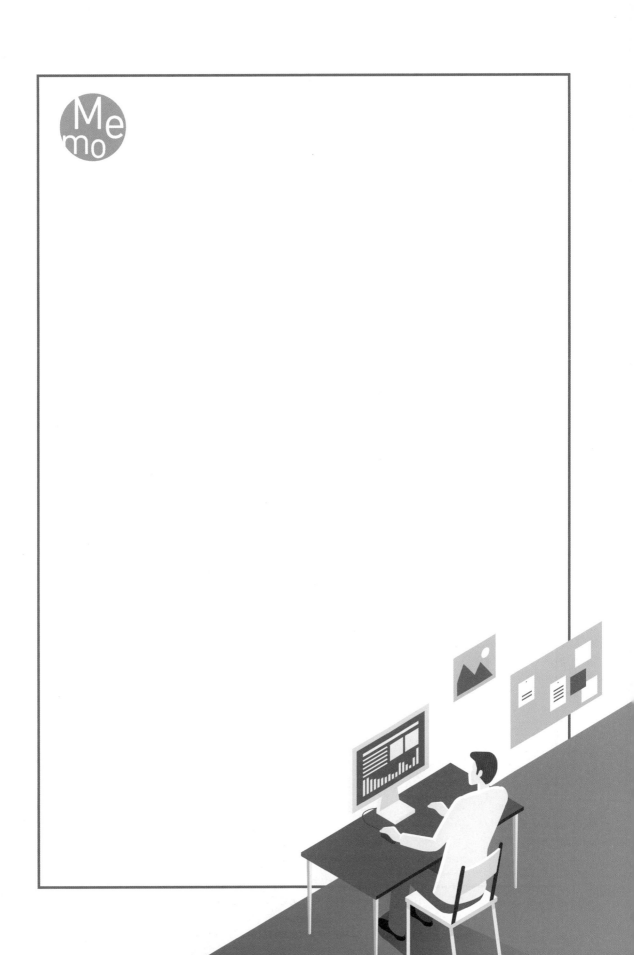

Memo

Memo

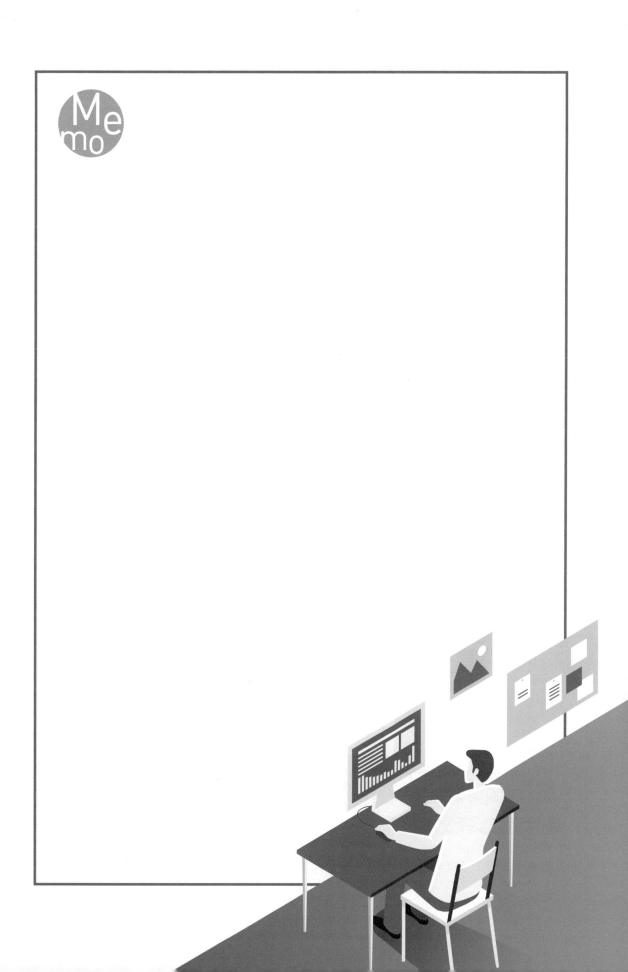

3D프린터운용기능사 실기 개정판

초 판 발 행   2022년 03월 15일
개정3판1쇄   2024년 07월 30일

저   자   이빛샘
발 행 인   정용수
발 행 처   (주)예문아카이브
주   소   서울시 마포구 동교로 18길 10 2층
T E L   02) 2038 - 7597
F A X   031) 955 - 0660

등 록 번 호   제2016 - 000240호

정   가   26,000원

홈페이지 http://www.yeamoonedu.com

I S B N   979-11-6386-324-3   [13580]